INVENTAIRE
S 27.496

FAUNE CONCHYLIOLOGIQUE

TERRESTRE ET FLUVIO-LACUSTRE

DE

LA NOUVELLE-CALÉDONIE

FAUNE CONCHYLIOLOGIQUE

TERRESTRE ET FLUVIO-LACUSTRE

DE LA

NOUVELLE-CALÉDONIE

PUBLIÉE SOUS LES AUSPICES

DU MINISTÈRE DE L'INSTRUCTION PUBLIQUE

AVEC QUATRE PLANCHES COLORIÉES

PAR

J.-B. GASSIES

Officier d'Académie; Membre de plusieurs Académies et Sociétés savantes,
nationales et étrangères

TROISIÈME PARTIE

PARIS	BORDEAUX
CHEZ BAILLIÈRE LIBRAIRE	FÉRET ET FILS, LIBRAIRES
Rue Hautefeuille, 19.	15, cours de l'Intendance.

LONDRES

CHEZ H. BAILLIÈRE, 219, REGENT-STREET

NEW-YORK

CHEZ H. BAILLIÈRE, 210, BROADWAY

1880

A MON AMI ET COLLABORATEUR

MONSIEUR

DANIEL GUESTIER

Hommage de sincère affection

DE SON DÉVOUÉ COLLÈGUE

J.-B. GASSIES.

Extrait des *Actes de la Société Linnéenne* de Bordeaux

FAUNE CONCHYLIOLOGIQUE

TERRESTRE ET FLUVIO-LACUSTRE

DE LA

NOUVELLE-CALÉDONIE

TROISIÈME PARTIE

I

La faune conchyliologique de la Nouvelle-Calédonie est très riche et très variée, aussi a-t-elle été l'objet d'une foule de publications isolées tant en France qu'à l'étranger. Plusieurs auteurs se sont plus spécialement occupés des espèces marines, d'autres ont décrit les espèces terrestres et fluvio-lacustres qui vivent sur la grande terre et sur les îles voisines composant l'archipel. De toutes ces publications il est sorti une synthèse qui, bien qu'incomplète encore, donne déjà, dans son ensemble connu, une vaste idée des richesses que des explorations subséquentes révèleront aux savants qui s'occupent de cette branche de la zoologie.

Pour notre part, nous avons, depuis la prise de possession, travaillé constamment à faire connaître ces richesses, et les soins que nous y avons apportés nous ont permis de publier plusieurs opuscules et surtout les deux premiers volumes ornés de planches coloriées, avec carte, dont les éditions ont été épuisées en quelques mois.

Ces deux volumes ont reçu la sanction générale, soit de l'Académie de Bordeaux, soit du comité des Sociétés savantes, à la Sorbonne, et le troisième, que nous présentons aujourd'hui à la Société Linnéenne, aura, nous l'espérons, le même succès.

Nous attendions de nouveaux documents pour reprendre ce troisième travail, le compléter et en faire un tout homogène, répondant aux exigences de la science; mais, depuis quelque temps, les arrivages se sont ralentis et se font de plus en plus rares; nous recevons très peu, nous ressentant des malheureuses divisions qui viennent d'ensanglanter notre lointaine colonie.

A l'heure présente, bien que nous ayons reçu de nombreuses communications, nous ne nous croyons pas suffisamment instruit sur les causes qui ont déterminé cette prise d'armes et qui ont fait, tout à coup, de gens inoffensifs, des assassins féroces et implacables.

Notre regret sera compris de tous ceux qui s'intéressent aux études d'histoire naturelle, car, au milieu de ces conflits, il deviendra fort difficile, sinon impossible, de se livrer à des recherches au milieu des tribus hostiles, et nous devrons forcément interrompre nos publications et les renvoyer à des temps meilleurs.

II

Nous avons essayé, dans le travail actuel, de ramener certaines variétés à leur type, car telles, qui avaient momentanément été élevées au rang d'espèces, ont dû nécessairement en descendre après des comparaisons nombreuses que nous ont permis les envois successifs du R. P. Lambert, et surtout les sagaces observations qu'il a pu faire sur le vif.

C'est donc grâce à notre collègue de l'île des Pins, qu'il nous a été possible de coordonner les matériaux de ce travail que nous réservions pour l'œuvre générale qui, malheureusement interrompue par les causes que nous avons indiquées au précédent paragraphe, ne pourra être publiée que dans un temps assez long.

C'est donc le résultat de huit années que nous présentons aujourd'hui aux naturalistes qui s'intéressent à la géographie conchyliologique et à la distribution des espèces dans les archipels de l'Océanie.

Comme pour les deux volumes antérieurs, nous avons recueilli avec soin ce que nos amis ont publié sur la Nouvelle-Calédonie; aussi les noms de Crosse, Marie, Lambert, Montrouzier, Souverbie, seront-ils fréquemment cités, ainsi que ceux de Reeve, Sowerby, Recluz et autres.

Nous avons, sans regret, élagué plusieurs espèces que nous avions distinguées à tort, ne possédant que de rares individus et qu'un examen attentif nous a obligé de réunir au type. Nous avons procédé de la même manière à l'égard de ceux de nos collègues qui avaient agi dans les mêmes conditions que nous; nous espérons qu'ils en comprendront l'utilité, car nous n'avons jamais eu de parti pris, nous en référant à notre juge à tous, la conscience.

III

En présentant, aujourd'hui, cet avant-coureur de l'œuvre principale à laquelle nous avons consacré déjà vingt-quatre années d'études, nous avons espéré y intéresser nos maîtres et les pousser, par ce moyen, à aider les recherches dans l'intérieur de la grande île et dans les îlots de l'archipel. Nous avons formulé un vœu qui n'a pas été entendu et que nous ne cesserons de répéter. Nous disions, page 5 de l'introduction de la 2º partie, publiée en 1871 :

« Nous pensons que quelques savants commissionnés par l'Institut, dûment pourvus d'instruments et protégés par les forces de la colonie, feraient, en moins de deux années, des découvertes plus nombreuses que les efforts isolés de tous ceux qui, jusqu'à ce moment, ont néanmoins tant fait déjà en faveur de la science.

» Puisse notre vœu trouver de l'écho au coin des Sociétés intéressées à la propagation des sciences spéculatives ! »

En effet, rien ne vaudrait une commission dont chaque membre, ayant un objectif direct et exclusif pour l'une des sciences indiquées au programme, n'ayant à s'occuper que d'elle, poursuivant un seul but, celui d'augmenter la somme des connaissances déjà connues et de surpasser ses prédécesseurs, il est certain que ce stimulant créerait des miracles et que nous n'aurions qu'à nous réjouir et nous féliciter de l'exécution de ce projet.

IV

La présente étude contient le résumé des publications conchyliologiques faites sur la Nouvelle-Calédonie, depuis 1871. Les genres y sont au nombre de 28, dont plusieurs n'avaient point encore été signalés dans l'archipel, ce sont :

Blauneria Shuttleworth.
Hemistomia Crosse.
Hydrobia Hartmann.
Heterocyclus Crosse.
Valvata Muller.

Le nombre des espèces nouvelles s'élève à 82, réparties dans 28 genres; ce qui porte le nombre total, aujourd'hui connu, à 380 espèces, après avoir élagué celles déjà indiquées.

Ainsi, malgré une révision sévère, nous obtenons une faune malacologique des plus nombreuses et surtout des plus typiques, comme nous l'avons plusieurs fois remarqué et dit dans nos précédentes publications. L'influence des îles sur les espèces est prouvée ici d'une façon irréfutable, puisque les archipels voisins de la Nouvelle-Calédonie conservent tous leurs espèces qui ne se sont nullement mêlées à celles qui leur sont les plus contingentes.

Aux Nouvelles-Hébrides, aux Fidji et aux Salomon, nous remarquons des espèces ayant leurs caractères spéciaux très différents de ceux de la Nouvelle-Calédonie qui, eux aussi, ont leur caractère propre de forme et de couleur. Il est facile de remarquer, en effet, que la coloration, au lieu d'être variée comme dans les archipels susnommés, elle est, au contraire, égale et sombre chez presque tous les individus donnant à l'aspect des coquilles un cachet particulier, les rapprochant beaucoup du type mélanésien qui domine dans la population humaine de l'archipel.

Les îles Loyalty à l'Est, séparées par un bras de mer peu considérable, l'île des Pins au Sud, l'archipel de Bélep au Nord, et l'île Nou à l'Ouest, participent toutes à la faune néo-calédonienne; leurs espèces sont sinon identiques à celles de la grande terre, du moins très voisines dans leurs variations.

Nous pouvons donc considérer tout ce pourtour comme étant parfaitement calédonien, tant au point de vue géographique qu'à celui de la distribution des espèces, se rattachant complètement aux types connus.

Lorsque tout l'intérieur de la grande île et des îlots voisins sera suffisamment exploré, nous sommes convaincu que le nombre des mollusques terrestres et fluvio-lacustres se sera encore augmenté dans de notables proportions, et si notre vœu trouvait de l'écho, qu'une commission de jeunes naturalistes soit envoyée en exploration, je crois qu'à leur retour, ces ardents pionniers de la science enrichiraient nos musées français et décupleraient en produits rémunérateurs de toutes sortes, les faibles dépenses qu'ils auraient fait supporter au budget.

Puisse notre vœu être enfin compris en haut lieu, ce sera là notre récompense, après tous les efforts que nous aurons fait pour arriver à une connaissance complète des mollusques terrestres et fluvio-lacustres de notre lointaine colonie, dont, avant la prise de possession, nous ne connaissions guère que trois ou quatre espèces.

Bordeaux, le 10 août 1879.

J. B. GASSIES.

Nous profitons de notre publication pour rectifier les erreurs qui se sont produites dans la deuxième partie de notre Faune, pour la désignation des espèces figurées.

Succinea	Fischeri,	page 15, pl. VII,	fig. 17,	au lieu de	19
Helix	Morosula,	— 48, — —	— 16,	—	18
Bulimus	Mariei,	— 78, — V,	— 3,	—	2
—	Submariei,	— 80, — —	— 2,	—	3
—	Theobaldianus,	— 93, — III,	— 8,	—	9
—	Pseudocaledonicus, var. dentata,	— 81, — VII,	— 1,	—	2
—	Bondeensis,	— 84, — —	— 2,	—	3
—	Eddystonensis,	— 88, — —	— 3,	—	4
Scarabus	Crosseanus,	— 102, — —	— 4,	—	5
—	Maurulus,	— 103, — —	— 5,	—	6
Marinula	Forestieri,	— 103, — —	— 6,	—	7
Diplommatina	Mariei,	— 125, — —	— 7,	—	8
Helicina	Gallina.	— 127, — V	— 9,		
Physa	Auriculata, var. zonata	— 140, — VI	— 18	—	16
—	Hispida, var. pilosa,	— 141, — VII	— 11	—	12
—	Artensis,	— — — —	— 8	—	10
—	Guillaini	— 142, — —	— 12	—	14
—	Id. var. ventrosa	— 143, — —	— 9	—	11
Melanopsis	Mariei,	— 145, — VII,	— 13	—	15
—	Dumbeensis,	— 147, — —	— 14	—	16
—	Souverbiana,	— 152, — —	— 15	—	17

DESCRIPTION DES ESPÈCES

Genre IV. — AMBRETTE, *SUCCINEA* Draparnaud (1).

N° 1. **Succinea Calcarea** Gassies.

In *Journal de Conchyliologie*, t. XIV, octobre 1874.
(Pl. I, fig. 1.)

Testa minima, elongata, turbinata, longitudinaliter subtilissime striatula; apice mammillato; pellucida, alba, haud nitens, calcarea; spira elongata, torsa; anfractus 3 1/2 convexi; ultimus 2/3 longitudinis æquans; sutura profunde intrante; apertura ovata, oblonga, rotundota, inferne vix dilatata, superne obtuse angulata; peristoma simplex, vix callosum, continuum; columella brevis, nec crassa.

Long. 7 1/2 mill., diam. 4; apertura 4 mill. longa, 3 lata.

Hab. L'île Art (Nouvelle-Calédonie) (R. P. Montrouzier). (Collection Gassies.)

Coquille petite, allongée, turbinée, finement striée en long, à sommet obtus, mamelonné, pellucide, blanc crayeux, peu luisant, presque mat; spire allongée, tordue; tours, au nombre de 3 1/2, convexes, le dernier formant à lui seul les 2/3 de la longueur totale; suture profondément imprimée; ouverture ovale, oblongue, arrondie, un peu dilatée vers la base, obtusément anguleuse vers le haut; péristome simple, un peu épaissi et continu; columelle courte, à peine calleuse.

Observ. — Cette succinée n'a aucun rapport avec les autres espèces de l'archipel; elle ressemble beaucoup à la *S. oblonga* Draparnaud de France, par sa forme allongée, son sommet mamelonné. L'aspect crétacé de son test lui donne une apparence fruste.

Cette coquille nous est arrivée une seule fois. Il est vrai que notre pourvoyeur habituel, le R. P. Montrouzier n'habitant plus le groupe des îles Bélep, nous n'avons plus eu de relations avec l'extrême nord de l'archipel.

---

(1) Nous reprenons la suite des genres de la 2ᵉ partie.

La première, comme la deuxième, a été publiée dans les *Actes de la Société Linnéenne* avec l'appui du ministère de l'Instruction publique. Elles ont été jugées dignes : 1° de la médaille d'argent par l'Académie des sciences, belles-lettres et arts de Bordeaux; 2° la deuxième, de la grande médaille d'argent à la réunion des Sociétés savantes de la Sorbonne.

N° 2. **Viridicata** Gassies.

(Pl. 1, fig. 2.)

Testa minima, ovata, superne mediocriter turbinata; transversim rugoso-striata, apice vix mammillato; pellucida; succinea vel viridula; spira abbreviata; anfractus 3, convexi, ultimus 7/9 longitudinis æquans; sutura vix profunda; apertura ampla, rotundato-ovata, superne vix angulata, inferne dilatata; peristoma simplex, acutum, continuum; collumella brevis, simplex.

Long. 9 mill., diam. 7 mill.; apertura 7 mill. longa, 5 lata.

Hab. Les environs de Bourail, le long des ruisseaux (M. Rossiter). (Collect. Gassies.)

Coquille petite, ovalaire, médiocrement turbinée, stries transversales apparentes, sommet peu mamelonné, presque pointu; pellucide, transparente, couleur d'ambre passant au verdâtre; spire très courte, composée de trois tours, les deux supérieurs très petits, l'inférieur, très grand, formant à lui seul les 7/9 de la longueur totale; suture assez profonde; ouverture grande, ovale-arrondie, obtusément anguleuse vers le haut, dilatée à la base; péristome simple, tranchant, réuni à la columelle, qui est très mince, sans callosité tranchée.

Observ. Comme espèce, comparée à toutes celles que nous possédons, elle se rapproche un peu du *S. debilis* Pfr. si commune sur les prés salés du bassin d'Arcachon, par conséquent elle diffère beaucoup de ses congénères de la Nouvelle-Calédonie par sa spire raccourcie, l'ampleur du dernier tour et de l'ouverture, sa couleur d'ambre foncé passant au verdâtre et ses stries transverses. Vu 5 exemplaires.

Genre V. — ZONITE, *ZONITES* Montfort.

N° 3. **Z. Hamelianus** Crosse.

Journal de Conchyliologie, t. XXII, p. 104, 1874, et t. XXIII, p. 216, pl. IX, fig. 1, 1875.

(Pl. 1, fig. 3.)

Testa anguste umbilicata, depressa, discoidea, lenticularis, tenuis, translucida, lævigata, nitida, corneo-rufa; spira depressa, horizontalis; apice planiusculo; sutura impressa; anfr. 3 1/2 planiusculi, embryonales 1 1/2 sordide albicantes, ultimus sat mag-

nus, basi planatus; apertura subhorizontalis, ovato-lunaris, intus concolor; peristoma simplex, marginibus disjunctis, collumellari brevi, fornicatim subdilatato, albido, externo antrorsum arcuato, acuto.

Diam. maj. 3 mill., min. 2 1/2; alt. vix 1 mil.; apertura 3/4 mil. longa, 1 1/2 lata. (Collect. Crosse et Gassies.)

Hab. Baie du Sud (Nouvelle-Calédonie), assez commune.

Coquille munie d'un ombilic assez étroit, mais profond, déprimée, discoïde, lenticulaire, mince, translucide, lisse, polie et luisante. Coloration d'un roux corné; spire déprimée, horizontale et terminée par un sommet assez aplati; suture marquée; tours de spire au nombre de 3 1/2, d'un blanc rougeâtre sale; dernier tour assez grand et aplati à la base. Ouverture presque horizontale, de forme ovale semi-lunaire, et de même couleur que le reste de la coquille, à l'intérieur; péristome simple et à bords séparés l'un de l'autre; bord columellaire court, légèrement dilaté et blanchâtre; bord externe arqué en avant et tranchant.

Observ. Par sa forme aplatie et déprimée, par son test lisse et rougeâtre, cette espèce se distingue facilement des autres Hélicéens de petite taille de la Nouvelle-Calédonie. Dédiée à M. Hamel, de Saint-Malo. (Crosse.)

N° 4. **Z. Subnitens** Gassies.

Journal de Conchyliologie, t. XX, p. 366, 1872, et t. XXI, p. 336, pl. XIV, fig. 8.

(Pl. 1, fig. 4.)

Testa minuta, anguste umbilicata, discoidea, nitida, transversim tenuissime striatula, fulvido-cornea, unicolor; apice planiusculo, nitido; spira depressa, vix convexiuscula; anfract. 4 subhorizontales, planiusculi, sutura profunda discreti, ultimus non descendens; apertura obliqua, ovato-angulata, margine supero basalem superante; peristoma simplex, intus concolor.

Diam. maj. 2-2 1/2 mill., min. 1 1/2; alt. 1; apert. 1 1/4 mill. longa, 1/2 lata.

Hab. Bourail dans la partie nord-ouest de la Nouvelle-Calédonie (R. P. Lambert) (Collect. Gassies.)

Coquille très petite, munie d'une fente ombilicale étroite, de forme un peu convexe en dessus et en dessous, discoïde, luisante, finement striée en travers, de couleur uniformément fauve ou fauve brunâtre sans fascies; sommet presque plan, luisant; spire déprimée, un peu convexe, composée de quatre tours presque horizontaux, à peine surélevés, le dernier non descendant; suture profonde; ouverture oblique, ovale-anguleuse; bord supérieur plus avancé que le columellaire; péristome simple; intérieur de même couleur que le test.

Observ. Cette petite espèce a toutes les apparences des zonites et, bien que nous ne connaissions pas l'animal, nous pensons qu'elle doit appartenir à ce groupe. Elle a un peu l'aspect du *Planorbis clausulatus* de Férussac. Elle est, en raccourci, la représentation exacte du *Zonites nitens (helix)* Michaud, commun dans les bois montueux et humides du sud-ouest de la France. Paraît commune.

Subfossile à l'île Nou, dans les terrains quaternaires.

N° 5. **Z. Desmazuresi** CROSSE.

Journal de Conchyliologie, t. XX, p. 225, juillet 1872, et XXI, p. 256, 1873, pl. XI, fig. 1.
(Pl. I, fig. 5.)

Testa vix subrimata, orbiculato-depressa, tenuis, translucida, lævigata, nitida, fusco-cornea; spira parum elevata, apice planiusculo, nitido; sutura submarginata, impressa; anfractus 4 1/4 convexiusculo-plani, regulariter accrescentes; ultimus subrotundatus, basi convexiusculo-planus; apertura oblique lunaris, intus concolor; peristoma simplex, tenue, marginibus distantibus, columellari subdilatato, fornicatim reflexo, rimam umbilici fere omnino occultante, saturate roseo-violaceo, basali et externo acutis.

Diam. maj. 8 1/2 mill., min. 7 1/4; alt. 4 1/2 mill.

HAB. Environs de Nouméa (Nouvelle-Calédonie) (E. Marie). (Collect. Gassies.)

Coquille pourvue d'une fente ombilicale à peine sensible, de forme orbiculaire déprimée, mince, translucide, lisse, polie, très luisante et d'un brun corné; spire peu élevée, terminée par un sommet assez aplati et luisant; suture bien marquée et submarginée; tours de spire au nombre de 4 1/4, plano-convexes, et s'accroissant régulièrement; dernier tour assez arrondi et légèrement plano-convexe du côté de la base. Ouverture semi-lunaire et de même couleur que le reste du test à l'intérieur; péristome simple et mince; bords éloignés l'un de l'autre; bord columellaire légèrement dilaté, réfléchi à sa partie supérieure, de façon à cacher presque entièrement la fente ombilicale, et d'un rose-violâtre foncé; bord basal et bord extrême tranchants.

Observ. Cette espèce se rapproche, par sa forme générale, de l'*Helix artensis* Souverbie; mais son test, au lieu d'être presque terne, est lisse, poli et très luisant, comme l'est généralement celui des Zonites de la section des Hyalinia. D'ailleurs sa coloration d'un brun corné beaucoup plus foncé, sa fente ombilicale plus couverte et moins apparente, enfin la nuance violâtre de son bord columellaire constituent autant de caractères, qui l'éloignent, à première vue, de l'espèce de notre honorable confrère de Bordeaux.

Dédiée à M. A. Desmazures, jeune naturaliste de Maurice.

N° 6. Z. Savesi Gassies.

(Pl. II, fig. 18.)

Testa vix subrimata, orbiculato-depressa, tenuis, translucida, lævigata, nitida, rubello-fuscescens; spira vix elevata, apice planiusculo, nitido; sutura submarginata; anfractus 4-5 convexiusculo-plani, regulariter accrescentes, subrotundati, ultimus basi convexiusculus; apertura oblique-lunaris, intus concolor; peristoma simplex, acutum, marginibus distantibus, collumellari tenuis, non reflexo, rimam umbilici fere omnino occultante.

Diam. maj. 10 mill., min. 8 mill.; alt. 5 mill.; apert. 5 mill. longa, 3 1/2 lata.

Hab. Thio, côte Est (Nouvelle-Calédonie) (M. Savès). (Collect. Gassies.)

Coquille à peine rimée, orbiculaire un peu déprimée, mince, translucide, très luisante, d'un jaune rougeâtre; spire à peine élevée, sommet presque plan, luisant; suture presque marginée; spire composée de quatre à cinq tours un peu convexes, arrondis presque plans, croissant régulièrement, un peu arrondis à la base; ouverture un peu oblique, arrondie, intérieur de la même couleur que le test; péristome simple, tranchant; bords séparés, columelle mince, à peine renversée sur l'ombilic, qu'elle achève de clore.

Observ. Cette espèce appartient au groupe des *Helix artensis, Zonites Desmazuresi, Hamelianus*, etc.; comme elles, elle a le faciès des zonites, et ressemble un peu à notre *Z. olivetorum*, de France dans l'état très jeune.

Genre VI. — HÉLICE, *HELIX* Linné.

N° 7. **Helix rufotincta** Gassies.
Journal de Conchyliologie, t. XXII, p. 376, octobre 1874.
(Pl. I, fig. 6.).

Testa latissime umbilicata, depressa, discoidea, tenuis, longitudinaliter et transversim striata, luteo-rufa, nitens, superne et inferne rufulo-radiata; apice planato; sutura impressa, profunda; anfractus 3 1/2 superne planati; infra convexi, regulariter accrescentes, ultimus vix descendens, rotundatus; apertura rotundato-lunaris, intus lutea; peristoma simplex, marginibus tenui callositate junctis, margine dextro recto, columellari vix dilatato; columella simplex; umbilicus dilatatus.

Diam. maj. 5 mill., min. 4, alt. 2; apert. 2 mill. longa, 1 1/4 lata.
Hab. Bourail (Nouvelle-Calédonie) (R. P. Lambert). 15 spec. vidi. (Collect. Gassies.)

Coquille très largement ombiliquée, déprimée, discoïde, mince, striée fortement en long, moins en travers; couleur de corne brunâtre luisante, avec des radiations flexueuses irrégulières, rouge d'écaille en dessus et en dessous; quelquefois, mais rarement, parcourue, sur la carène et au milieu du dernier tour, par une fascie brun foncé; sommet plan, suture assez profonde; tours, au nombre de trois et demi, plans en dessus, convexes en dessous, croissant régulièrement, le dernier un peu incliné vers la base et arrondi; ouverture ovale, arrondie, jaunâtre corné à l'intérieur; péristome simple, réuni sur la columelle par un léger dépôt d'émail; bord droit non réfléchi, le gauche arrondi et un peu évasé; columelle simple; ombilic très évasé, laissant apercevoir les tours nucléolaires inférieurs.

Observ. Cette petite espèce appartient au groupe des *H. luteolina, Candeloti, Lamberti, Ouveana, multisulcata, Beraudi, inæqualis*, etc., appartenant à la coupe générique des *Rhytida*. Sa taille, quoique moindre, la rapproche de l'*H. luteolina*, mais il sera toujours facile de la séparer : 1° à son ouverture plus ronde et moins flexueuse; 2° à son dernier tour plus régulier et moins ascendant; 3° à son ombilic plus évasé.

N° 8. **H. Inculta** GASSIES.
Journal de Conchyliologie, t. XXII, p. 377, octobre 1874.
(Pl. 1, fig. 7.)

Testa umbilicata, lenticularis, subcarinata, convexiuscula, transversim flexuose strigata, tenuis, sub epidermide obscure olivacea, unicolor; spira parum depressa, anfractus 3 1/2-4 rapide crescentes, ultimus descendens, infra convexus, supra medio depressus; sutura vix profunda; apertura obliqua, ovalis; peristoma simplex, acutum, marginibus tenui callositate junctis, margine dextro perpendiculari, columellari dilatato; columella simplex, lutescens; umbilicus dilatatus, intus corneus.

Diam. maj. 6 mill., min. 5, alt. 2 3/4; apert. 2 mill. longa, 1 1/2 lata.

HAB. Baie du Sud (Nouvelle-Calédonie) (R. P. Lambert). 3 spec. vidi. (Collect. Gassies et Crosse.)

Coquille ombiliquée, lenticulaire, subcarénée, à peine un peu convexe, striée flexueusement en travers; ces stries ressemblent beaucoup à des lamelles épidermiques assez élevées, assez fragiles, de couleur olivâtre, obscur sous un épiderme verdâtre sordide, sans traces de linéoles, ni fascies; spire un peu convexe en dessus et en dessous, mais à sommet presque plan et déprimé; tours, au nombre de 3 1/2 à 4, croissant rapidement, le dernier descendant; suture linéaire assez profonde; ouverture oblique, ovale; péristome simple et aigu, réuni par une légère callosité; bord droit perpendiculaire, le columellaire beaucoup plus avancé; columelle simple, jaune sale; intérieur corné; ombilic très dilaté.

Observ. Cette petite espèce n'a guère d'analogies qu'avec l'*H. Calliope* Crosse; mais il sera toujours facile de la distinguer : 1° au nombre plus restreint de ses tours qui croissent plus rapidement, tandis que ceux de l'*H. Calliope* sont très réguliers; 2° à la forme de son ouverture plus dilatée et de son dernier tour plus grand; 3° à son ombilic bien plus large et à sa coloration vert olivâtre alors que sa congénère est toujours brun ferrugineux.

N° 9. **H. Bourailensis** GASSIES.
Journal de Conchyliologie, t. XX, p. 366, 1872, t. XXI, p. 336, pl. XIV, fig. 4.
(Pl. I, fig. 8.)

Testa minuta, umbilicata, convexa, rotundata, tenuiter transversim striatula, corneo-fuscescens, unicolor, translucida, spurca,

apice vix elevato; spira convexa; sutura profunda; anfractus
4 1/2 rotundati, regulariter accrescentes, ultimus non descendens;
apertura ovato-rotundata; peristoma simplex, concolor, margine
supero basalem vix superante; umbilicus profundus.

Diam. maj. 4 mill., min. 3 1/4; alt. 2; apert. 2 mill. longa,
1 1/4 lata.

Hab. Bourail (Nouvelle-Calédonie) (R. P. Lambert). 2 specim.
vidi. (Collect. Gassies.)

Coquille petite, ombiliquée, convexe arrondie, striée finement
en travers, couleur cornée fauve, translucide, sale; sommet un
peu élevé; spire convexe; suture profonde; tours, au nombre de
4 1/2, arrondis, croissant régulièrement, le dernier non descendant; ouverture ovale-arrondie; péristome simple, le bord supérieur dépassant à peine l'inférieur; intérieur de même couleur
que le test; ombilic profond.

Observ. Cette espèce, comme forme et aspect général, ressemble assez à
l'*H. ostiolum* Crosse, mais elle en diffère par sa taille bien moindre, sa spire
plus plane et surtout par son test translucide et luisant qui la rapproche beaucoup des zonites, si elle-même ne l'est pas?

L'*H. morosula* Gassies a un peu le même aspect lorsqu'elle a perdu son épiderme, mais, lorsqu'elle est fraîche, son test couvert d'une vestiture brune et
obscure l'éloigne complètement de l'*H. Bourailensis*.

Nous n'avons reçu cette hélice qu'une seule fois et au nombre de deux individus. Elle paraît rare.

N° 10. **H. Bruniana** Gassies.

Journal de Conchyliologie, t. XX, p. 365, 1872, et XXI,
p. 337, pl. XIV, fig. 6.

(Pl. 1, fig. 9.)

*Testa anguste umbilicata, depressa, subdiscoidea, subcarinata,
tenuiscula, nitida, transversim striatula; apice nitido, subhorizontali; lutea lineolis fulvis, obliquis, è suturæ maculis oriundis, circa
umbilicum evanidis ornata; spira depressa; sutura profunde impressa; anfractus 4 1/2-5 vix convexiusculi, regulariter accrescentes, depressiusculi, ultimus subdescendens; umbilicus angustus,
lamina cornea, nitida, tenui clausus; apertura obliqua, subhorizontalis, irregularis, coarctata, albido-lutea; peristoma simplex,
intus leviter incrassatum, albidum marginibus callo tenui junctis,
supero acuto, inferum superante, basali sinuato, extus scrobiculato, intus valide unidentato, dente aperturam coarctante, albido.*

Diam. maj. 9 mill., min. 7 1/2; alt. 3; apert. 5 mill. longa, 2 lata.

Hab. Ouagap (Nouvelle-Calédonie) (R. P. Lambert). 1 specim. vidi. (Collect. Gassies.)

Coquille étroitement ombiliquée, déprimée, presque discoïde, à carène mousse, mince, luisante, striée finement en travers; sommet presque horizontal; couleur de corne pâle, ornée, en dessus, de linéoles fauves, qui prennent naissance à la suture par des taches épaisses, qui vont s'amincissant sur les tours en suivant le sens spiral, se dirigeant vers l'ouverture où elles perdent un peu de leur intensité; celles qui arrivent en dessous s'effacent et ne sont plus visibles vers l'ombilic; spire déprimée; suture profonde, un peu canaliculée vers le haut, d'où les stries saillent assez fortement; tours, au nombre de 4 1/2 à 5, à peine convexes, déprimés, croissant régulièrement, le dernier un peu descendant; fente ombilicale, étroite et close par une lame cornée, luisante; pourtour de l'ombilic infundibuliforme, formant une légère élévation mousse qui part de l'intérieur de l'ouverture, contourne le dernier tour inférieur, et va se relier à la base du péristome en décrivant une ligne flexueuse; ouverture oblique, irrégulière, étroitement ovale, bord supérieur dépassant beaucoup l'inférieur; péristome simple, légèrement garni d'un bourrelet interne lactescent; bord basal sinué, muni d'une dent conique, épaisse, obtuse; le renversement du bord produit une sorte de canal dans son parcours intérieur jusqu'à la scrobiculation dentaire; bord du limbe corné brunâtre, intérieur blanc-jaunâtre transparent, laissant apercevoir les linéoles du dessus.

Observ. Cette espèce, parfaitement caractérisée appartient au petit groupe de celles dont l'ombilic est fermé : *H. Turneri, Baladensis, Saisseti,* etc. Elle ne peut être confondue avec aucune d'elles, à cause de son ouverture étroite, anguleuse, de sa dent et de sa scrobiculation. A part l'*H. Saisseti,* dont elle est loin d'atteindre la taille, elle est la plus grande du groupe. Elle a beaucoup d'analogie avec la flammule ondulée de l'*H. Baladensis.* Nous avons vainement redemandé cette coquille à nos correspondants sans l'obtenir. Elle paraît rare.

Nous avons dédié cette jolie hélice à notre ami M. Victor Brun, directeur du musée d'histoire naturelle de Montauban, comme témoignage d'affection.

N° 11. **H. Oriunda** GASSIES.

Testa lata umbilicata minima, fragilis, pellucida, depressa, tenuiscula, nitida, transversim striata ad basim, lamellata; apice nitido, horizontali; lutea, lineolis fulvis, obliquis, è saturæ maculis oriundis, flexuosis; circa umbilicum pallidis ornata; spira depressa; sutura impressa; anfractus 4, vix convexiusculi, regulariter accrescentes, utltimus descendens; umbilicus angustus, lamina cornea, alba, nitida, tenui clausus; apertura obliqua, horizontalis, albido-lutea; peristoma simplex.

Diam. maj. 5 mill.; alt. 3 mill.; apert. 3 mill. lata.

HAB. Aux environs des forêts de la Ferme modèle, à Yahoué. (M. Savès.)

Coquille à ombilic assez large, petite, fragile, pellucide, déprimée, luisante, striée finement dans le sens spiral; les stries visibles seulement sur le dernier tour en forme de lames tranchantes, irisant à la lumière; sommet luisant horizontal, de couleur jaune, ornée de linéoles rougeâtres, ondulées, obliques, flexueuses, mais dans le sens spiral où elles simulent des rayons, plus pâles et plus fines autour de l'ombilic; spire déprimée; suture assez profonde; tours, au nombre de quatre, assez convexes, et croissant régulièrement, mais plus dilatés vers la base qui s'incline assez sensiblement; ombilic étroit, recouvert par une lame vitreuse qui le clôt, cette lame est cornée, blanchâtre, brillante et mince; ouverture oblique, horizontale, blanc-jaunâtre; péristome simple.

Observ. Cette petite espèce nous a été envoyée des forêts de la Ferme modèle d'Yahoué par M. Savès; elle paraît assez répandue, et si elle n'a pas été signalée plus tôt, nous supposons qu'elle est difficile à trouver, à cause de sa petitesse et des lieux ombreux qu'elle habite.

A première vue elle paraît ressembler beaucoup à l'*H. Baladensis*, mais il sera toujours facile de l'en séparer : 1° par son ombilic plus ouvert et sa lame plus apparente; 2° par la striation lamelleuse de son dernier tour qui n'existe pas chez l'autre; 3° sa forme plus aplatie; 4° et enfin par la disposition de ses flammules qui suivent assez régulièrement la spire, tandis que celles de l'*H. Baladensis* sont longitudinales et assez inégales.

(Est arrivée trop tard pour être figurée; on la retrouvera probablement dans un des prochains numéros du *Journal de Conchyliologie*.)

N° 12. **H. Corymbus** Crosse.

Journal de Conchyliologie, t. XXII, p. 106, janvier 1874, et p. 390, pl. XII, fig. 4.

(Pl. I, fig. 10.)

Testa subobtecte perforata, globoso-depressa, tenuiscula, costatis confertis, rectis, lamelliformibus longitudinaliter impressa, cornea, castaneo-fusco obscure reticulata, ad suturam corona macularum saturate fuscorum, intervallo albido-corneo subregulariter separatarum ornata; spira vix prominula, apice planiusculo; sutura profunde impressa; anfractus 4 1/2 vix convexiusculi, sensim accrescentes, embryonales primi 1 1/2 lævigati, cornei, ultimus magnus, rotundatus, basi æqualiter costulatus, subplanatus; apertura sat late lunaris, concolor; peristoma simplex marginibus distantibus, columellari brevi, fornicatim dilatato, perforationis partem occultante, sordide corneo-albido, basali et externo subacutis.

Diam. maj 5 1/2, min. 4 3/4; alt. 3 mill.; apert. vix 3 mill. longa, 2 lata.

Hab. Ferme modèle (Nouvelle-Calédonie) (E. Marie). (Collect. Crosse et Gassies.)

Coquille munie d'une perforation ombilicale légèrement recouverte, de forme globuleuse déprimée, assez mince, marquée de costulations longitudinales, serrées, droites et lamelliformes. Coloration d'un jaune corné avec un réseau d'un brun marron, assez confusément dessiné, et une couronne de taches d'un brun foncé, disposées près de la suture et séparées, assez régulièrement les unes des autres, par un intervalle d'un jaune corné très clair, et tournant au blanchâtre; spire à peine saillante et terminée par un sommet assez plan; suture profondément accusée; tours de spire, au nombre de 4 1/2, à peine convexes et s'accroissant peu à peu; tours embryonnaires, au nombre de 1 1/2, lisses, polis et de coloration cornée; dernier tour, grand, arrondi, couvert de costulations régulières et se prolongeant jusqu'à la base, qui est assez aplatie; ouverture assez largement semi-lunaire et de même couleur, à l'intérieur, que le reste de la coquille; péristome simple et à bords éloignés l'un de l'autre; bord columellaire court, dilaté à la naissance, en forme de voûte, de manière à cacher une portion de la perforation ombilicale et d'un rouge corné sale, et tournant au blanchâtre; bord basal et bord externe minces et tranchants.

Observ. Par sa forme et sa coloration, cette espèce n'est pas sans analogie avec l'*H. Lombardeani* Montrouzier, mais elle est beaucoup plus petite; de plus, elle se distingue par ses costulations serrées, par le nombre de ses tours de spire, et elle est dépourvue de lamelles aperturales qui caractérisent l'autre hélice. Sa taille, ses costulations et son système de coloration rappellent l'*H. Hecheliana*, mais elle s'en distingue nettement par sa spire, dont la partie centrale est légèrement saillante, au lieu d'être faiblement concave.

N° 13. H. Prevostiana Crosse.

Journal de Conchyliologie, t. XXII, p. 106, janvier 1874, et p. 388, pl. XII, fig. 3.

(Pl. I, fig. 11.)

Testa suboblecte perforata, subdepresso-globosa, tenuis, costulis subdistantibus, subrectis, lammelliformibus, læviter prominulis longitudinaliter impressa, carneo-albida, pallide fulvo plus minusve regulariter et obscure maculata; spira brevissime turbinata, apice rotundato, obtusulo; sutura impressa; anfractus 5 convexiusculi, embryonales primi 1 1/2 lævigati, cornei, ultimus rotundatus, basi æqualiter costulatus, subplanatus; apertura sat late lunaris, intus concolor; peristoma simplex, marginibus distantibus, columellari brevi, fornicatim dilatato, perforationis partem obtegente, sordide albido, basali et externo acutis.

Diam. maj. 6 mill., min. 5 1/2; alt. 4 1/2 mill.; apert. 2 1/2 longa, 1 1/2 lata.

Hab. Baie du Sud (Nouvelle-Calédonie) (E. Marie et Lambert). (Collect. Crosse et Gassies.)

Coquille munie d'une perforation ombilicale légèrement recouverte, de forme globuleuse subdéprimée, mince, marquée de costulations longitudinales assez espacées, à peu près droites, lamelliformes et légèrement saillantes; coloration d'un jaune corné clair, tournant au blanchâtre, avec des maculations longitudinales d'un fauve pâle, plus ou moins régulièrement disposées et généralement plus apparentes sur les premiers tours que sur le dernier; spire très brièvement turbinée, [et terminée par un sommet arrondi et légèrement obtus; suture marquée; tours de spire au nombre de cinq et légèrement convexes; tours embryonnaires, au nombre de 1 1/2, lisses, polis et de coloration cornée; dernier tour arrondi, costulé jusqu'à la base, qui est légèrement aplatie; ouverture assez largement semi-lunaire et de même couleur, à l'intérieur, que le reste de la coquille; péristome simple et à bords éloignés l'un de l'autre; bord columellaire court, dilaté à sa naissance en forme de voûte, recouvrant une partie de la perforation ombilicale et d'une coloration blanchâtre; bord basal et bord externe minces et tranchants.

Observ. Cette espèce est sujette à de légères variations, sous le rapport du système de coloration. Tantôt elle est d'un jaune corné uniforme, tournant au blanchâtre, tantôt d'une nuance cornée brunâtre; le plus ordinairement elle présente, comme dans le type que nous venons de décrire, des taches fauves plus ou moins nombreuses et faiblement accusées sur le dernier tour.

N° 14. **H. Mariei** Crosse.
Journal de Conchyliologie, t. XXII, p. 107, janvier 1874, et p. 181, pl. IV, fig. 2.
(Pl. I, fig. 12.)

Testa late et pervie umbilicata, discoidea, lenticularis, tenuiscula, subtranslucida, parum nitens, costulis subdistantibus, leviter arcuatis longitudinaliter impressa, pallide fulvido-cornea; spira subhorizontalis; apice planiusculo; sutura impressa; anfractus 4 planiusculi, sensim accrescentes, embryonales primi 1 1/2 lævigati, cornei ultimus versus limbum pallidior, basi planatus; apertura rotundato-lunaris, intus concolor; peristoma simplex, marginibus callo tenuissimo junctis, columellari subdilato, brevi, concolore, basali et externo vix incrassatis, subacutis.

Diam. maj. 3 1/2 mill., min. 3; alt. 1 1/4 mill.; apert. 1 1/4 mill. longa, 1 lata.

Hab. Près Nouméa (Nouvelle-Calédonie) (E. Marie). (Collect. Crosse.)

Coquille munie d'un ombilic largement ouvert et laissant apercevoir les premiers tours, discoïde, lenticulaire, assez mince, translucide, peu luisante et marquée de costulations longitudinales un peu espacées et légèrement arquées; coloration d'un fauve corné clair; spire presque horizontale, terminée par un sommet un peu aplati; suture bien marquée; tours de spire, au nombre de quatre, assez plans et s'accroissant peu à peu; tours embryonnaires, au nombre de 1 1/2, lisses, polis et cornés;

dernier tour devenant plus clair de coloration dans le voisinage du bord externe, et aplati du côté de la base ; ouverture de forme semi-lunaire, arrondie et de même coloration, à l'intérieur, que le reste de la coquille ; péristome simple ; bords réunis par un dépôt calleux très mince ; bord columellaire légèrement dilaté, court et de même couleur que le reste de la coquille ; bord basal et bord externe à peine épaissis et presque tranchants.

Observ. Espèce voisine de l'*H. vetula* Gassies, sous le rapport de la forme générale, mais s'en distinguant facilement par le nombre moins considérable de ses tours de spire, par ses costulations espacées et par sa coloration plus claire.

Dédiée à feu Taslé, auteur de la *Faune malacologique du Morbihan.*

N° 15. **H. Saburra** GASSIES.
Journal de Conchyliologie, t. XXII, p. 207, avril 1874.

Testa minutissima, umbilicata, subglobosa, vix turbinata, elevata, tenuis, subtillissime arcuatim striatula, corneo-brunnea, vix nitida, concolor ; spira vix turbinata, apice elevato ; sutura profunda intrante ; anfractus 4 turbinati, regulariter accrescentes, ultimus non descendens, rotundatus ; peripheria rotundata, basi convexa ; umbilicus pervius, subcarinatus, profundus, vix 1/3 diametri subæquans ; apertura subrotundata ; peristoma simplex (?) ; columella recta, vix patula ; apertura intus concolor ; translucida.

Diam. 1 mill. 3/4, alt. 1 mill.

Hab. Ile Art (Nouvelle-Calédonie) (R. P. Montrouzier). 1 spec. vidi.

Coquille très petite, ombiliquée, presque globuleuse, un peu turbinée, élevée, mince, très finement striée en travers, couleur de corne brune, rougeâtre, un peu luisante, sans linéoles, ni fascies ; spire turbinée, à sommet saillant ; suture profonde ; tours, au nombre de quatre, globuleux, croissant régulièrement, le dernier arrondi, non descendant ; périphérie arrondie, base convexe ; ombilic profond et étroit, un peu caréné à la base, formant le tiers du diamètre total ; ouverture presque ronde ; péristome simple (?) ; columelle droite, à peine un peu calleuse ; intérieur de la couleur du dessus, mais plus brillant et transparent.

Observ. Cette espèce que nous n'avons pu observer que sur un unique exemplaire, que nous croyons jeune, diffère beaucoup des autres hélices calédoniennes. Celles dont la forme s'en rapproche le plus sont les *H. ostiolum* Crosse, et *morosula* Gassies. Comme elles, elle a la spire élevée et l'impression suturale profonde ; mais elle en diffère par sa taille très exiguë qui, dans aucun cas, ne saurait atteindre celle des deux espèces citées, car ses tours indiquent une coquille faite ou à peu près. La coloration et la transparence assez brillante du test à peine strié sont des caractères qui séparent nettement notre espèce des deux autres. Elle a beaucoup de rapports avec l'*H. rupestris* de France.

Lorsqu'il nous arrivera d'autres individus, nous pourrons les étudier avec plus de certitude, aussi ne donnons-nous cette diagnose que sous toutes réserves.

N° 16. **H. Confinis** Gassies.
Journal de Conchyliologie, t. XXIII, p. 227, juillet 1875.
(Pl. 1, fig. 13.)

Testa minutissima, umbilicata, discoidea, subrotundata, transversim oblique striata, striis elevatis, lamelliformibus, castaneoferruginea, concolor; spira superne planata, inferne vix convexa; apice obtuso castaneo-sublævi; sutura impressa; anfractus 4 gradatim accrescentes, ultimus subdilatatus; apertura rotundato-ovalis; peristoma simplex, superne vix dilatatum, descendens; columella tenuis; umbilicus latus, subtus vix carinatus.

Diam. maj. 2 mill., min. 1 1/2; alt. 1 mill.; apert. 1 1/3 mill. lata.
Hab. Ile Nou, Saint-Vincent (Nouvelle-Calédonie) (R. P. Lambert). (Collect. Gassies.)

Coquille très petite, ombiliquée, discoïde, un peu arrondie, ornée, en travers, de stries élevées, obliques, en lames assez saillantes, couleur marron ferrugineux sans taches ni fascies; spire plane supérieurement, un peu convexe en dessous; sommet mousse, marron, un peu luisant; suture profonde détachant bien les tours qui sont au nombre de quatre, croissant graduellement, le dernier un peu plus élargi et descendant; ouverture ovale-arrondie; péristome simple, un peu plus avancé au bord supérieur droit, un peu incurvé au bord gauche; columelle mince; ombilic élargi et profond, un peu caréné vers les bords.

Observ. Cette très petite espèce appartient au groupe des *H. rusticula, dispersa*, etc., etc., dont elle semble la reproduction en miniature. Elle ressemble assez à l'*H. pinuta* Drap., aussi bien pour la taille que pour l'aspect général.

Le nombre d'individus de tous âges que nous avons pu voir, nous a confirmé la valeur de cette espèce qui se rapproche assez de notre *H. decreta*, dont elle diffère néanmoins par la forme de la spire, le nombre de ses tours (4 au lieu de 5) et surtout leur dilatation : ceux de l'*H. decreta*, plus nombreux, sont beaucoup plus pressés et la suture bien moins profonde. Les deux espèces sont de même taille.

N° 17. **H. Subtersa** Gassies.
(Pl. I, fig. 14.)

Testa minutissima, peranguste et profunde umbilicata, rotundata, transversim striata, striis elevatis lamelliformibus, fusca, concolor; spira superne vix elevata, inferne convexa; apice vix elevato, corneo sublævi; sutura impressa; anfractus 4 1/2 convexi, gradatim accrescentes; ultimus vix dilatatus, descendens; apertura rotunda, peristoma simplex, columella tenuis, umbilicus perangustus.

Diam. maj. 2 mill., min. 1 1/2; alt. 1 1/2 mill.; apert. 1 mill. longa, 3/4 mill. lata.

Hab. Environs de Nouméa et Lifou (Nouvelle-Calédonie) (R. P. Lambert). (Coll. Gassies.)

Coquille très petite, étroitement et profondément ombiliquée, arrondie, striée en travers par des lames élevées, pressées, irisant à la lumière, couleur uniforme, vert bronze en dessus, plus pâle en dessous, terne ou à peine luisante; spire un peu élevée en dessus, convexe en dessous; sommet assez élevé, corné, luisant; suture imprimée assez profondément; tours, au nombre de 4 1/2, convexes, croissant régulièrement, le dernier plus large et dépassant le bord opposé, descendant; ouverture arrondie, régulière; péristome simple; columelle mince; ombilic étroit, profond, laissant apercevoir les premiers tours.

Observ. Cette petite espèce nous est arrivée de deux localités bien différentes, d'abord des environs de Nouméa, sur la côte ouest de la Grande-Terre et de Lifou, l'une des îles Loyalty, à l'est et au large de la Nouvelle-Calédonie. Nous pensâmes d'abord que c'était une variété de l'*H. confinis*, mais nous fûmes bientôt forcé de l'en séparer à cause de deux caractères qui manquent à la dernière : 1° l'élévation globuleuse de la spire, et 2° les lamelles de striation irisante qui ornent le test de l'*H. subtersa*. L'aspect général, du reste, indique déjà une séparation nécessaire. Sa striation lamelleuse la rapproche des *H. Melitæ* et *Calliope* qui sont trois et six fois plus grandes.

N° 18. **H. Melaleucarum** GASSIES.
Journal de Conchyliologie, t. XX, p. 367, janvier 1872, et t. XXI, p. 337, octobre 1873.
(Pl. I, fig. 15.)

Testa minuta, anguste umbilicata, superne convexa, subcarinata, inferne subplanata, rotundata, transversim flexuose striata, haud nitens, sordide castanea, unicolor; apice elevato, lutescente; spira turbinata; sutura profunda; anfractus 5 sat convexi, regulariter accrescentes, ultimus descendens; apertura obliqua, ovata rotundata; peristoma simplex, intus fuscescens.

Diam. maj. 6 1/4 mill., min. 5; alt. 4; apert. 2 1/2 mill. longa, 2 lata.

HAB. Bondé (Nouvelle Calédonie) (R. P. Lambert), île Nou (F. Marie). (Collect. Gassies.)

Coquille petite, étroitement ombiliquée, convexe en dessus, presque plane en dessous, carénée, de forme arrondie, munie de stries transverses, flexueuses, se détachant en gris sale sur l'épiderme, qui est brun marron obscur, sans reflets luisants; sommet élevé, jaunâtre luisant; spire trochiforme; suture profonde; tours, au nombre de cinq, assez convexes, croissant régulièrement, le dernier descendant; ouverture oblique, ovale-arrondie; péristome simple; intérieur brunâtre.

Observ. Cette petite espèce, que nous avons reçue de deux provenances opposées (ouest et est), ne peut être rapprochée que de nos *Helix dispersa*, *Melitæ*, *rusticula*, *subcoacta* et *Rhyzophorarum*, mais il sera toujours facile de la séparer, 1° par l'élévation de sa spire, 2° par son ombilic très étroit, et 3° par sa striation flexueuse, grisâtre, qui donne à l'épiderme un aspect usé et caduc.

Elle a été trouvée à la base des *Niaoulis (Melaleuca leucodendron)*, si communs dans toute la Nouvelle-Calédonie.

N° 19. **H. Bazini** CROSSE.
Journal de Conchyliologie, t. XXII, p. 105, janvier 1874, et p. 180, pl. IV, fig. 1, avril 1874.
(Pl. I, fig. 16.)

Testa umbilicata, depressa, subdiscoidea, tenuis, confertissime, arcuato-striata, pallide cornea, fulvo-lineata, lineis infra suturam dilatatis et radiatim dispositis, mox subito attenuatis, antice et per-

oblique curvatis ad peripheriam et basi fulguratis; spira planata, vix emersa, apice obtuso, planiusculo; sutura profunde impressa; anfractus 4 1/2 *planiusculi, sensim accrescentes, embryonales primi* 1 1/2 *lævigati, cornei, ultimus non descendens, depressus, peripheria obsolete subangulatus, basi planiusculus; umbilicus pervius, conicus, vix* 1/3 *diametri subæquans; apertura diagonalis, subquadrato-rotundata; peristoma simplex, rectum, marginibus paululum convergentibus collumellari brevi, subverticali, externo antrorsum subarcuato, acuto.*

Diam. maj. 5 mill., min. 4 1/2; alt. 1 1/2 mill.; apert. 1 1/2 mill. longa, 1 1/2 lata.

Var. β. *Minor, minus distincte striata, colore saturatior, lineis, latioribus, fulvido-castaneis; spira apice fusco.*

Hab. Le type, la baie du Sud, la variété dans les environs de Nouméa. (Collect. Gassies.)

Diam. maj. 4 mill., min. 3 1/4; alt. 1 1/4 mill.

Coquille ombiliquée, déprimée, subdiscoïde, mince et munie de stries arquées très serrées. Coloration d'un ton corné clair, avec des raies fauves, élargies et disposées en rayons immédiatement en dessous de la suture, puis s'atténuant brusquement et se recourbant en avant, très obliquement, pour finir par devenir fulgurées à la périphérie et du côté de la base; spire aplatie, terminée par un sommet obtus et à peu près plan; suture profondément marquée; tours, au nombre de 4 1/2, assez plans et s'accroissant peu à peu; tours embryonnaires, au nombre de 1 1/2, lisses, polis et cornés, dernier tour non descendant, légèrement aplati du côté de la base; ombilic laissant apercevoir les premiers tours conique et formant un peu moins de 1/3 du diamètre total de la coquille; ouverture diagonale, de forme subquadrangulaire arrondie, de même coloration que le reste de la coquille, et laissant apercevoir à l'intérieur, par transparence, les raies du dernier tour; péristome simple, droit et à bords légèrement convergeants; bord columellaire court et subvertical; bord externe un peu arqué en avant et tranchant.

Observ. Cette espèce est très voisine d'une autre forme calédonienne, l'*H. costulifera* de Pfeiffer, mais elle s'en distingue par sa taille plus petite, par sa forme plus déprimée et discoïde, par sa spire aplatie et à peu près horizontale, par ses stries serrées et peu apparentes, qui ne ressemblent nullement à des costulations, et enfin par la disposition de ses raies fauves, plus distinctes et recourbées en avant d'une façon très particulière. Nous avons reçu cette espèce dans l'alcool, elle est couverte de poils assez simples, très visibles sur la carène.

Dédiée au R. P. Bazin.

N° 20. **H. Derbesiana** CROSSE.
Journal de Conchyliologie, t. XXIII, p. 143, avril 1875, et t. XXVII, p. 44. pl. II, fig. **2**, janvier 1879.
(Pl. I, fig. 17.)

Testa late et pervie umbilicata, parva, discoidea, tenuiscula, striis confertis, sub lente tantum bene conspicuis longitudinaliter impressa, parum nitens, pallide corneo-fulvida, unicolor; spira planata, apice haud prominulo, obtuso; sutura valide impressa; anfractus 4 1/2 planiusculi, sensim accrescentes, embryonales primi 1 1/2 lævigati, albidi, ultimus rotundatus, basi planatus; apertura rotundato-lunaris, concolor, lamellis 2 parietalibus, divergentibus, et dentibus nitidulis; corneis 2 marginalibus, marginem externum non attengentibus, 1 basali, valida intus coarctata; peristoma simplex, acutum, corneum, marginibus disjunctis, collumellari brevi, vix subdilatato, basali et externo acutis.

Diam. maj. 1 3/4 mill., min. 1 1/2; alt. 3/4; apert. 1/2 mill. longa, 2/5 lata.

HAB. Nouméa, dans les environs (Nouvelle-Calédonie) (E. Marie). (Collect. Crosse, Gassies.)

Coquille très petite, largement et profondément ombiliquée, discoïde, mince, striée visiblement en long et assez profondément, à peine luisante, couleur de corne jaunâtre uniforme; spire plane; sommet à peine saillant, obtus; suture bien marquée; tours, au nombre de 4 1/2, presque plans, sensiblement accrus, les embryonnaires luisants, blanchâtres, le dernier arrondi, base plane; ouverture lunaire-arrondie, de couleur uniformément semblable à celle du test, deux lamelles sur le bord pariétal, divergentes, une au bord basal assez forte et serrée à l'intérieur; péristome simple, tranchant, disjoint; columelle petite, courte.

Observ. Cette petite hélice ne peut être rapprochée que de l'*H. confinis* Gassies, mais elle en diffère par ses tours plus pressés, son sommet plus arrondi et proéminent, et surtout par son ouverture garnie de lamelles, alors que la première en est complètement dépourvue.

N° 21. **H. Berlieri** (1) Crosse.
Journal de Conchyliologie, t. XXIII, p. 144, avril 1875, et t. XXVII, p. 42, pl. II, fig. 3, janvier 1879.
(Pl. I, fig. 18.)

Testa late et perspective umbilicata, parva, discoidea, tenuiscula, sublente vix longitudinaliter striatula, parum nitens, pallide cornea, unicolor; spira planata, apice obtusulo; sutura impressa; anfractus 5 1/4, planiusculi, sensim accrescentes, embryonales primi 1 1/2 lævigati, corneo-albidi, ultimus rotundatus basi planatus; apertura rotundato-lunaris, intus ad marginem externum profunde quadrilirata, liris extus in anfractu ultimo leviter transmeantibus, concolor, peristoma simplex, concolor, marginibus disjunctis, columellari vix subdilatate, basali et externo acutis.

Diam. maj. 2 1/4 mill., min. 2, alt. vix 1; apert. 2/3 mill. longa, 1/2 lata.

Hab. Nouméa, dans les environs, avec la précédente (Nouvelle-Calédonie) (E. Marie). (Collect. Crosse, Marie et Gassies.)

Coquille largement et profondément ombiliquée, petite, discoïde, mince, striée finement en long, peu luisante, de couleur cornée pâle sans fascies; spire aplatie, sommet un peu obtus; suture pressée; tours, au nombre de 5 1/4, un peu plans, s'accroissant sensiblement, les embryonnaires luisants, couleur de corne blanche, le dernier arrondi et à base plane; ouverture arrondie, lunaire, intérieur près du bord extérieur garni de quatre lamelles, se prolongeant dans le fond et fermant presque le passage au mollusque; péristome simple, tranchant, de couleur uniforme comme le reste de la coquille, disjoint; columellaire un peu évasé.

Observ. Comme la précédente, cette espèce appartient au groupe de l'*H. confinis, Vincentina, decreta, Koutoumensis* et *subtersa*, seulement son ouverture garnie de lamelles plongeant dans l'intérieur la différencie suffisamment.

22. **H. Megei** Lambert.
Journal de Conchyliologie, t. XXI, p. 136, avril 1873, et p. 356, pl. XIV, fig. 3.
(Pl. 1, fig. 20.)

Testa umbilicata, nautiliformis, profunde biconcava, subglo-

---

(1) Non *Berlieri* Morelet.

bosa, translucidula, costulis vix prominulis, densis longitudinaliter impressa, subcastanea; spira in conun inversum, angustum profunde immersa; anfractus 4 1/2-5, utrinque conspicui, ultimus rotundato-inflatus, magnus cæteros involvens; apertura anguste semilunaris, subobliqua, subviolaceo-alba et prope labrum subcallose marginata (an specimen adultum?) labrum acutum, sinuosum, superne antice arcuatum, marginibus valde remotis, callo tenui junctis; umbilicus profunde infundibuliformis, 1/3 diametri æquans.

Diam. maj. 9 mill.; alt. 7 mill.

Hab. Baie du Sud (Nouvelle-Calédonie). (Collect. Gassies, Guestier, Musée de Bordeaux.)

Coquille ombiliquée, nautiliforme, profondément biconcave, subglobuleuse, longitudinalement imprimée par des stries d'accroissement flexueuses, fines, serrées et comme groupées, de manière à simuler presque de petites côtes à peine saillantes, faiblement translucide et de couleur châtain; spire profondément enfoncée, en cône renversé très étroit; tours, au nombre de 4 1/2 à 5, très étroits (à l'exception du dernier qui est grand, arrondi et enveloppe complètement tous les autres), séparés par une suture enfoncée et tous visibles des deux côtés de la coquille, mais moins facilement en dessus, par suite de l'étroitesse de l'ouverture du cône dans lequel ils se développent sous forme de cordon arrondi; ouverture étroite, semi-lunaire allongée, suboblique, à l'intérieur blanc subviolacé et subcalleusement marginé (est-ce l'état adulte?) près du bord; labre simple, tranchant, subépaissi à son insertion columellaire, très sinueux, arqué en avant dans le haut, de manière à former, avec le tour précédent, une échancrure à son point d'insertion; ses extrémités, éloignées de toute la hauteur du tour sur lequel elles s'implantent subverticalement, sont réunies par une mince callosité; ombilic profond, infundibuliforme, arrivant presque au contact du cône formé par la dépression de la spire, et dont il n'est séparé que par l'épaisseur du premier tour, large et égalant le 1/3 environ du diamètre de la coquille.

Observ. Cette gracieuse espèce, rare d'abord et assez répandue aujourd'hui, appartient au groupe des *Diplomphalus*, déjà bien représenté dans la Nouvelle-Calédonie. Elle a le faciès du *Drepanostoma nautiliformis* Porro d'Italie, mais en plus grand. Ainsi, nous comptons actuellement un assez bon nombre d'espèces de ce groupe affirmant la valeur de cette coupe dans le genre helix, ce sont : *H. Montrouzieri* Souverbie, *H. Cabriti* Gassies, *H. Lifouana* Montrouzier, *H. Bavayi* Crosse et Marie, *H. Heckeliana* Crosse, *H. Mariei* Crosse, *H. microphis* Crosse, *H. Lombardeani* Montrouzier, *H. Vaysseti* Marie, *H. Megei* Lambert et *H. Fabrei* Crosse, *H Gentilsiana* Crosse.

M. Crosse a créé une variété β pour des individus plus petits que le type, nous ne pensons pas que ce soit utile. Presque tous les exemplaires reçus de nos correspondants varient de taille, selon les âges, et ne présentent guère que cette différence qui n'est pas un caractère. Ainsi le *Diplomphalus Fabrei* pourrait bien n'être que l'état très adulte du *D. Megei?*

L'*H. Megei* a été dédiée par le R. P. Lambert à son compatriote et ami M. l'abbé Mège, curé de Villeneuve, près Blaye, qui s'occupe avec zèle et intelligence d'entomologie. Le n° 19 représente une espèce abrogée.

N° 23. **H. Fabrei** Crosse.

Journal de Conchyliologie, t. XXIII, p. 136, pl. VI, fig. 1, avril 1875 (*Diplomphalus*).

(Pl. IV, fig. 12.)

Testa late et perspective umbilicata, nautiliformis, profunde biconcava, subglobosa, translucidula, longitudinaliter subflexuose costulato-striata, saturate rufo-fusca, vix violacea; spira profunde immersa, valde concava, anfractus usque ad apicem late et distincte exhibens; sutura impressa; anfractus 6, utrinque, concavi, planorbiformes, penultimus cæteris ex utroque latere magis conspicuus, ultimus rotundato-inflatus, magnus, cæteros involvens, utrinque subplanatus; umbilicus profunde infundibuliformis, 1/2 diametri æquans; apertura anguste semilunaris, subobliqua, intus violaceo-albida; peristoma utrinque anfractuum penultimum superam, simplex, marginibus valde remotis, callo tenui, parum conspicuo junctis, columellari brevissimo, leviter dilatato, violaceo-albido, basali rotundato, acuto, externo arcuato, leviter sinuoso, acuto.

Diam. maj. 15 mill., min. 13 1/2; alt. 8 1/2; apertura 8 1/2 mill. longa, basi 3 1/2 lata.

Hab. Baie du Sud (Nouvelle-Calédonie) (E. Petit). (Collection Crosse, Gassies, Musée de Bordeaux.) Rare.

Coquille largement ombiliquée et laissant apercevoir les tours de spire, nautiliforme, profondément biconcave, subglobuleuse et marquée de petites costulations longitudinales, serrées et légèrement flexueuses. Coloration d'un brun roux foncé, tournant un peu au violâtre; spire profondément enfoncée, fortement concave et laissant apercevoir, très distinctement, les tours jusqu'au sommet du cône renversé qu'elle forme ; suture bien marquée ; tours de spire, au nombre de six, concaves des deux côtés, planorbiformes, à peu près aussi apparents du côté de la spire que de celui de l'ombilic et assez étroits, à l'exception de l'avant-dernier qui est plus largement développé et plus apparent que les précédents, et du dernier qui est plus grand, renflé, arrondi, enveloppant et seulement un peu aplati des deux côtés ; ombilic profondément infundibuliforme et égalant la moitié du diamètre de la coquille ; ouverture étroite, semi-lunaire, un peu oblique et d'un violet blanchâtre à l'intérieur ; péristome dépassant, de chaque côté, l'avant-dernier tour et simple ; bords très éloignés l'un de l'autre, mais réunis par un dépôt calleux mince et peu apparent ; bord columellaire très court, légèrement développé et d'un violet tournant au blanchâtre ; bord basal arrondi et tranchant, ainsi que le bord externe, qui est arqué et légèrement sinueux.

Observ. Cette espèce décrite par M. Crosse diffère peu de l'*H. Megei* Lambert. Elle est plus grande, par conséquent ses tours sont plus nombreux (6 au lieu de 4 1/2 à 5), son ombilic est plus largement ouvert ; tous ces caractères ne sont que la conséquence d'une taille beaucoup plus forte et ne seraient pas probants de la séparation, aussi l'auteur a-t-il hésité à l'élever au rang d'espèce.

Dédiée à M. Fabre, pilote major à Nouméa, qui a recherché, avec succès les mollusques du sud-ouest de notre colonie.

N° 24. **H. Vaysseti** E. MARIE.
Journal de Conchyliologie, t. XIX, p. 325, octobre 1871, et t. XXII, pl. XII, fig. 2, 1874.
(Pl. I, fig. 21.)

Testa latissime et pervie umbilicata, subdiscoidea, planorbiformis, utrinque concava, tenuiscula, striis longitudinalibus, regularibus, flexuosis, subobliquis, elongatissime impressa, cornea, maculis rufis variegata; spira perdepressa, concava, medio profunde immersa, infundibuliformis; anfractus 8 1/2 angustissime subplanati, immersi, embryonales 2 læves, albido-cornei, sequentes sutura profunde impressa, discreti, carinati (carina plicato-crenulata, extus intusque marginata), ultimus descendens, cæteros involvens, utrinque valide carinatus et rufo subregulariter maculatus, medio convexus, rufo castaneo marmorato-strigatus; aper-

tura perobliqua, subauriformis, angusta, ad basin latior, e medio ad suturam magis constricta; peristoma simplex, flexuosum, roseum, marginibus remotis, sed callo tenui, lato, aperturam superante junctis, basali subdilatato, subreflexo, externo attenuato, subincrassato, in vicinio suturæ aperturam coarctante.

Diam. maj. 6 1/2 mill., min. 5 3/4; alt. 2 1/2 mill.; apert. 2 3/4 mill. longa, 1 lata. (Collect. Vaysset et Marie.)

HAB. Cette espèce se trouve dans les montagnes, au cap Colnett (côte est de la Nouvelle-Calédonie), où elle a été découverte par M. Vaysset, médecin de la marine, auquel elle a été dédiée.

Coquille pourvue d'un ombilic ouvert très large, subdiscoïde, planorbiforme, également concave des deux côtés, assez mince, à test subdiaphane, munie de stries longitudinales, assez fortes et régulières, flexueuses, un peu obliques et très élégantes, et ornées, sur un fond corné, de taches d'un brun rougeâtre, assez grandes et régulièrement espacées. La spire est excessivement déprimée, concave, infundibuliforme et profondément enfoncée, par conséquent, à sa partie médiane. Ses tours, au nombre de 8 1/2, sont étroits, presque plans, et visibles seulement en dessus et en dessous, par suite de l'enfoncement de la spire. Les deux premiers (tours embryonnaires), sont lisses et d'un blanc corné; les suivants, séparés entre eux par une suture profondément marquée et surmontés d'une carène crénelée, bordée en dehors et en dedans; le dernier, légèrement descendant près de l'ouverture et enveloppant les autres, est fortement caréné et régulièrement taché de brun-rouge de chaque côté, fortement convexe et marqué de brun disposé en chevrons irréguliers. Ouverture très oblique, subauriforme, étroite, resserrée de la suture à la partie médiane, un peu plus large à la base; péristome simple, flexueux, rosé, à bords réunis par un dépôt calleux mince, large et dépassant très sensiblement l'aplomb du bord droit; bord basal un peu dilaté, subréfléchi; bord externe, d'abord large et subréfléchi également, puis se recourbant vers la partie médiane, où il devient subanguleux et continue à rétrécir l'ouverture jusqu'à son insertion.

Observ. L'*H. Vaysseti* diffère de l'*H. Mariei* en ce qu'elle n'est pas brillante, ses stries sont, en outre, plus régulières; elle possède un tour et demi environ de plus; sa suture est plus marquée, ses taches sont plus apparentes sur le dernier tour et plus franchement dessinées; son ouverture ne possède pas de lamelle pariétale et est moins auriforme; son péristome est rosé; sa dimension plus grande la distingue aussi, mais la convexité de son dernier tour est la différence la plus saillante.

Elle diffère de l'*H. Cabriti* en ce qu'elle est moins profondément ombiliquée et moins profondément concave; mais ceci trouve naturellement son explication dans sa hauteur beaucoup inférieure; ses stries sont aussi plus régulières et plus fortes; le nombre de ses tours est moindre; son dernier tour est un peu plus descendant et plus convexe, ses taches sur le dernier tour mieux marquées, la suture est plus marquée aussi; son péristome est un peu plus flexueux et réfléchi. Son diamètre plus petit et sa hauteur, proportionnellement beaucoup moindre, la séparent, au premier coup d'œil, de l'*H. Cabriti*. (E. Marie.)

Nous ajouterons aux caractères indiqués par M. Marie, comme distinguant le *Diplomphalus Vaysseti* du *Mariei*, dont il se rapproche beaucoup, que le double ombilic est à la fois plus largement ouvert et moins abrupt, et que le dernier tour est plus arrondi et ne paraît pas aussi visiblement crénelé, de chaque côté, dans la première espèce, que dans la seconde. Nous signalerons aussi, entre les deux espèces, une différence assez notable dans la forme de l'ouverture, plus large et moins auriforme chez le *D. Vaysseti* que chez le *Mariei*. (Note de M. Crosse.)

N. B. Nous ne connaissons pas cette espèce.

N° 25. **H. Vimontiana** Crosse.

Journal de Conchyliologie, t. XXII, p. 108, janvier 1874, et t. XXIII, p. 217, pl. IX, fig. 2, 1875.

(Pl. I. fig. 22).

Testa obtecte subrimata, ovato-conica, tenuis, sublente tenuissime et oblique striatula, tenuis, parum nitens, translucida, cornea; spira convexiusculo-conica, apice obtuso; sutura impressa; anfractus 4 convexi, ultimus spiram vix subæquans, rotundatus; apertura subverticalis, rotundato-lunaris, intus concolor; peristoma simplex, marginibus convergentibus, columellari brevi, recto, fornicatim reflexo, rimam umbilici fere omnino obtegente, albido; basali et externo rotundatis, acutis.

Diam. maj. 1 1/2 mill., min. 1 1/4; alt. vix 2 mill.; apertura 3/4 mill. longa, 3/4 lata.

Hab. Environs de Nouméa (Nouvelle-Calédonie) (E. Marie). (Collect. Crosse.)

Coquille munie d'une fente ombilicale presque entièrement recouverte, de forme ovale-conique, marquée de petites stries obliques, très fines et visibles seulement à la loupe, mince, peu luisante, translucide et de coloration cornée claire; spire de forme légèrement convexo-conique, terminée par un sommet obtus; suture bien marquée; tours de spire au nombre de quatre et convexes, dernier tour presque aussi grand que la spire et arrondi; ouverture subverticale, de forme semi-lunaire, arrondie et de même coloration que le reste de la coquille, à l'intérieur; péristome simple et à bords convergents; bord columellaire court, droit, réfléchi en forme de voûte, recouvrant presque entièrement la fente ombilicale et blanchâtre; bord basal et bord externe arrondis et tranchants.

Observ. Cette petite espèce a été découverte par M. E. Marie en compagnie du *Z. Hamelianus*, elle est bulimiforme et un peu plus haute que large. Nous ne connaissons en Nouvelle-Calédonie que l'*H. dendrobia* Crosse qui puisse avoir une élévation de spire aussi haute, proportionnellement à sa largeur.
Dédiée à feu Michel Vimont, naturaliste bien connu en conchyliologie.

N° 26. **H. Heckeliana** CROSSE.

H. Rossiteriana Crosse, *Journal de Conchyliologie*, t. XIX, p. 201, 1871 (*nec H. Rossiteri* Angas, 1869.)

H. Rossiteriana Gassies, *Faune conchyliologique*, 2° partie, *Appendice*, p. 198, 1871.

H. Heckeliana Crosse, *Journal de Conchyliologie*, t. XX, pl. 71, pl. XIV, fig. 1, 1872. Pl. 1, fig. 23.

Testa subotecte perforata, subnautiliformis, depresse globosa, costulis gracilibus, valde numerosis, prominulis, æqualibus, sericeis longitudinaliter impressa; anfractus 4 1/2 convexiusculi, ad suturam albo et saturate fusco alternatim maculati, subangusti, ultimus antice vix descendens, magnus, inflatus, ad suturam vix obtuse angulatus, basi subplanatus; apertura subobliqua, fere horizontalis, anguste lunaris, basi paulo major, intus livide albido-fusca; peristoma simplex, marginibus valde distantim, callo lato, tenui junctis, columellari brevi, fornicatim reflexo, perforationis partem maximam occultante, basali rotundato, intus subincrassato, externo subacuto.

Diam. maj. 6 1/2 mill., min. 5 3/4; alt. vix 4 mill.; apertura 3 3/4 mill. longa, 2 lata.

HAB. Baie du Sud (Nouvelle-Calédonie) (E. Marie). (Collect. Gassies.)

Coquille munie d'une perforation ombilicale en partie recouverte, subnautiliforme, globuleuse, un peu déprimée, marquée de costulations longitudinales très nombreuses, serrées, grêles, peu saillantes et égales entre elles; test luisant et d'un brun marron; spire à peine enfoncée, faiblement concave à sa partie médiane et presque horizontale; suture bien marquée; tours de spire, au nombre de 4 1/2, légèrement convexes, un peu étroits et ornés, dans le voisinage de la suture, d'une sorte de couronne de taches d'un brun foncé alternant avec des taches blanches; dernier tour à peine descendant en avant, grand, renflé, très obtusément anguleux près de la suture, et légèrement aplati à la base; ouverture légèrement oblique, presque horizontale, étroitement semi-lunaire, un peu plus grande du côté de la base, et d'un brun livide, tournant au blanchâtre, à l'intérieur; péristome simple, d'un blanc livide, à bords éloignés l'un de l'autre et réunis par un dépôt calleux large et mince; bord columellaire court, réfléchi en forme de voûte, de manière à cacher la majeure partie de la perforation ombilicale; bord basal arrondi et légèrement épaissi intérieurement; bord externe mince et presque tranchant.

Observ. Espèce voisine des *H. Bavayi* et *Gentilsiana,* mais s'en distinguant spécifiquement par de bons caractères, ainsi que nous l'avons exposé plus haut.

Nous avons dû changer le premier nom assigné par nous à cette espèce, parce qu'il avait déjà été employé précédemment.

Dédiée à M. Heckel, pharmacien de la marine, qui s'est souvent associé, en Nouvelle-Calédonie, aux recherches scientifiques de M. E. Marie (Crosse).

Nous avons dernièrement reçu deux petites Hélices voisines de l'*H. luteolina,* mais à ombilic plus ouvert sans fascie à la carène et, surtout à leur bord externe de beaucoup plus évasé. Nous la nommons provisoirement *Yahouensis.*

HÉLICES VIVANTES TROUVÉES A L'ÉTAT FOSSILE:

Zonites subnitens Gassies. Ile des Pins, agrégats madréporiques.
Helix Turneri Pfeiffer.
— *inculta* Gassies.
— *subsidialis* Crosse. Ile Nou.
— *costulifera* Pfeiffer *Id.*
— *Bazini* Crosse.
— *Koutoumensis* Gassies.
— *inæqualis* Pfeiffer. Ile Nou.
— *vetula* Gassies. *Id.* Ile Alcmène.
— *dictyodes* Pfeiffer. Ile des Pins, Koutoumo, Alcmène.
— *pinicola* Pfeiffer. Ile Nou.
— *morosula* Gassies. Ile Nou.

HÉLICES ABROGÉES

Occelusa Gassies. Variété pâle *edentula* de l'*H. Turneri* de Pfeiffer.
Astur Souverbie. Variété *edentula* *Id.*
Aphrodite Pfeiffer. Est des îles Salomon ou Fidji.
Henschei Pfeiffer. N'est point calédonienne.
Villandrei Gassies (1). Des îles Salomon.
Kanakina Gassies Variété jeune d'*H. inæqualis.*
Deplanchesi Gassies. Is. *H. Luteolina.*
Coguiensis Crosse. Is. *H. Testudinaria.* Var. *plana.*

Genre VII. — BULIME, *BULIMUS* Scopoli.

N° 27. B. Gaudryanus Gassies.

Bul. Annibal, var. *oviformis* Gassies; *Faune conchyliologique,* p. 84, pl. VI, fig. 3.

(Pl. I, fig. 24.)

Testa imperforata, ovato-conica, oviformis, elongata, solida, mediocriter ponderosa, longitudinaliter striata; epidermide castaneo-rufula; nitida; sutura impressa strigosa, albà; apice acuto (epidermide destituta), nitido, punctato; anfractus 7, convexi, regulariter accrescentes, ultimus 2/3 1/2 longitudinis æquans, oviformis, subglobosus, apertura, ovato-elongata; superne angulata, ad peristoma non sinuata, ad basin mediocriter crassa, expansa; columella vix crassa, erecta, rotundata non plicata; peristoma subcrassum luteum vix nitidum reflexum, margines callo crasso juncti.

Long. 70 mill., diam. maj. 35 mill.; apert. 35 mill. longa, 12 lata.

Hab. Ouagap, Nékété (Nouvelle-Calédonie) (Dr Vieillard, Déplanche.)

Coquille imperforée, ovale conique, oviforme, allongée, solide, peu pesante, couverte de stries assez fortes se crispant à la jonction des sutures; couleur de l'épiderme marron foncé passant au brun rouge, luisant; suture fortement appliquée sur le tour supérieur, blanche généralement; sommet aigu, luisant,

---

(1) Cette espèce a été décrite postérieurement par French Angas sous l'appellation d'*H. Boidyi,* elle reste donc sous le nom antérieur d'*H. Villandrei* Gassies.

ponctué comme un dé à coudre, et dépourvu d'épiderme dès le deuxième tour; tours, au nombre de sept, assez convexes, croissant régulièrement, le dernier, formant les 2/3 1/2 de la longueur totale, est oviforme et un peu globuleux ; ouverture allongée, supérieurement anguleuse sans entaille au bord droit, très peu épaisse à la base et légèrement réfléchie; columelle un peu épaisse, droite, arrondie, sans plis ; péristome assez épais, rosâtre, luisant, un peu réfléchi, se joignant à la columelle par un émail jaune bordé de noir, très luisant, un peu orangé au bord basal et au columellaire.

Observ. Cette coquille nous ayant été donnée comme variété du *B. Annibal*, ne peut, en aucune façon être réunie à l'espèce du Dr Souverbie; elle est moins globuleuse, son épiderme est très différent : luisant et uni, au lieu de terne et plus clair; son ouverture perpendiculaire, son péristome droit sans entaille, sa columelle arrondie, droite, sans troncature à la base, etc., etc.

Nous la dédions à M. Albert Gaudry, professeur au Muséum de Paris qui a bien voulu s'intéresser à la création du Musée préhistorique et ethnographique de Bordeaux, et doter ses vitrines d'objets fort intéressants des stations lacustres de la Suisse et d'autres provenances.

N° 28. **Bulimus Subsenilis** GASSIES.
Bul. Senilis, var. *subsenilis.*
(Pl. II, fig. 1.)

Testa fossilis imperforata, ponderosa, crassa, elongata, sat magna, ovato-pyramidata, rugosa, cretacea (epidermide destituta); sutura linearis, spira, conico-elongata; apice acuto; anfractus 6, convexi, rapide accrescentes, ultimus 2/3 longitudinis æquans; apertura elongata, constricta, auriculata, superne angulato-flexuosa, ad basin fortiter reflexa; columella crassa, plicata, plica superne, dentiformis, descendens, plica columellaris crassa, lata intrans; peristoma crassissimum, reflexum, margine callo crasso juncto, dextro fortiter sinuato, margaritacea, nitido, labrum expansum, tuberculosum.

Long. 110 mill., diam. maj. 55 mill., min. 46 mill.; apertura 50 mill. longa, 18 lata.

HAB. Ile des Pins (Nouvelle-Calédonie) (R. P. Lambert). (Coll. Gassies.)

Coquille fossile, imperforée, pesante, épaisse, allongée, assez grande, ovale-pyramidale, stries effacées par suite de frottements dans les dépôts coralligènes, mais paraissant disposées en long et comme martelées; suture linéaire; spire conique, allongée; sommet aigu; tours, au nombre de 6 1/2, convexes, le dernier formant les 2/3 de la longueur totale; ouverture allongée, étroite, auriculée, anguleuse supérieurement, flexueuse, fortement réfléchie à la base; columelle épaisse, plissée, pli supérieur dentiforme, descendant, pli columellaire épais, large et plongeant dans l'ouverture; péristome très épais, réfléchi, se joignant avec la callosité columellaire; bord droit fortement sinué supérieurement et entaillé, luisant, intérieur bordé et garni de protubérances tuberculeuses.

Observ. Cette espèce, succédané de notre *Bulimus Senilis*, s'en sépare par une forme plus élancée et plus arrondie; par son ouverture très étroite, la forte entaille du bord droit supérieur et sa dent correspondante qui rentre en descendant vers l'intérieur. L'épaisseur et le renversement du péristome sont extrêmes (1).

Elle a été recueillie à l'île des Pins, dans les dépôts quaternaires en voie de formation, et qui ont pris naissance au milieu des récifs coralligènes. Elle est plus fruste que le *B. senilis* (2).

N° 29. **Bul. Arenosus** GASSIES.
(Pl. III, fig. 1.)

Testa fossilis, imperforata, crassa, elongata, ovato-pyramidata, longitudinaliter striata, malleata, cretacea, nitida (epidermide destituta), sutura vix profunda, spira conico-elongata, apice obtusulo; anfractus 6, convexi regulariter accrescentes, ultimus 2/3 longitudinis æquans; apertura elongata, constricta, auriculata, superne vix angulato-rotundata, ad basin acuto-reflexa; columella crassa, plicata, plica superna dentiformis descendens, plica columellari variante crassa, subplanata; peristoma crassum, vix reflexum, marginibus callo crasso junctis dextro sinuata, labrum expansum.

---

(1) Dans l'état fossile, il est difficile d'affirmer une réelle spécification, et nous ne publions cette espèce que sous toutes réserves d'avenir, aussi la donnons-nous sous le vocable de var. *subsenilis*.

(2) M. Rossiter nous annonce avoir trouvé le *B. senilis* Senestre et nous en envoie une aquarelle très bien faite, due au talent de Miss Harziet Scott, de Sydney.

Long. 75 mill.; diam. maj. 55 mill., min. 30 mill.; apertura 28 mill. longa, 10 lata.

Hab. Lifou (Loyalty) (R. P. Lambert). (Collect. Gassies.)

Coquille fossile, imperforée, épaisse, allongée, ovale-pyramidale, striée en long et mallée, crétacée, luisante (épiderme détruit par le roulement sur les parties sableuses); suture un peu profonde; spire conique, allongée; sommet un peu obtus; tours, au nombre de six, convexes, régulièrement formés, le dernier faisant à lui seul les 2/3 de la longueur totale; ouverture allongée, étroite, auriculée, un peu anguleuse, arrondie supérieurement, aiguë et réfléchie vers la base; columelle variable, épaisse, tantôt large et aplatie, tantôt relevée et ronde, ou bien presque droite et formant un angle obtus à la base; péristome épais, renversé sur la columelle à laquelle il se relie; bord droit entaillé, réfléchi.

Observ. Cette espèce a quelque analogie avec certaines variétés du *B. fibratus*, cependant elle s'en éloigne par des caractères constants, et il n'y a guère que le *B. Edwarsianus* qui puisse en être rapproché. Mais la forme de l'ouverture est bien différente et aidera facilement à leur séparation.

N° 30. **B. Abbreviatus** Gassies.
Faune conchyliologique terrestre et fluvio-lacustre de la Nouvelle-Calédonie, Appendice, p. 192, 1871.

(Pl. IV, fig. 1.)

Testa fossilis vel subfossilis imperforata, ponderosa, crassa, globoso-rotundata, conico-pyramidata; longitudinaliter striata, cretacea (epidermide destituta), sutura impressa; apice acuto, vel obtusulo; anfractus 6 1/2, convexi, ultimus 2/3 longitudinis æquans, globosus; apertura auriculata, constricta, ovato-rotundata, superne angulata ad labrum fortiter sinuata, ad basin crassiusculo, reflexo; columella crassa vix concava, plicata, plica superna, major, conica, descendens, plica columellaris mediocris, ascendens, intrans; peristoma crassum, reflexum, margines callo-crasso junctis dextra valde sinuato; ad medium prominente crasso.

Long. 68 mill.; diam. maj. 37 mill.; apert. 35 mill. longa, 15 lata.

Hab. Lifou (Loyalty) (R. P. Lambert). (Collect. Gassies, Guestier, Musée de Bordeaux.)

Coquille fossile ou subfossile, imperforée, pesante, épaisse, globuleuse, arrondie, conique, pyramidale, striée longitudinalement, stries peu saillantes, martelée en travers, d'aspect crétacé étant dépourvue d'épiderme; suture peu profonde, sommet acuminé, un peu obtus; tours, au nombre de 6 1/2, convexes, le dernier, formant les 2/3 de la longueur totale, assez globuleux; ouverture auriforme, étroite, resserrée, ovale-arrondie, anguleuse supérieurement, sinuée au bord droit qui est entaillé fortement, évasée à la base qui est bordée et notablement réfléchie; columelle épaisse un peu creusée, plissée, pli supérieur grand, conique, descendant, pli columellaire ascendant et rentrant dans l'intérieur; péristome épais, réfléchi, joint à la columelle par un dépôt qui continue le pourtour; bord droit très épais, fortement entaillé, intérieur quelquefois coloré en rouge orangé, lorsque la coquille ne s'est pas assimilé les sucs calcaires et n'a roulé que dans les sables, le bord pariétal laisse saillir ses dents de l'empâtement qui est couleur chair, jaune ou rouge saignant; le test est alors très luisant, blanc de porcelaine.

Observ. Cette espèce, ramassée à l'île Lifou, du groupe de Loyalty, paraît comme les précédentes, en voie d'extinction récente; elle se trouve souvent dans les calcaires quaternaires, d'autres fois dans le sable coralligène, ce qui la rend ou terne ou luisante. C'est M. Guestier qui, le premier, reçut un individu sans indication de provenance, heureusement nous savons aujourd'hui qu'elle provient de l'île Lifou. Sa forme globuleuse la distingue de toutes ses congénères, sa taille beaucoup moindre ne saurait la rapprocher du *B. Corpulentus*, dont d'autres caractères l'éloignent.

N° 31. **B. Loyaltyensis** SOUVERBIE.

Journal de Conchyliologie, t. XXVII, p. 25, pl. III, fig. 1. Janvier 1879.

(Pl. IV, fig. 2 et 2a.)

Species Bulimo Pancheri affinis, sed minus turgida, lineis spiralibus elevatis, vix notatis; apertura angustiore, elongato-ovata; marginibus subparallelis, breviter reflexo, alba, maculis parvis, translucidis, antrorsum cum maculis lactao-albis junctis, subseriatim et spiraliter dispositis ornata; columella alba vel aurantiaca.

Long. 30 mill.; diam. maj. 13 mill.; apert. (cum peristomate) 16 mill. longa, 9 lata. (Mus. Burdigalense, coll. Gassies.) — Spec. 6 vidi.

Var. β (pl. III, fig. 2). *Forma sculpturaque formæ typicæ similis, subaurantiaco-fulvida, maculis parvis numerosis, fulvo et pallide flavis variegata; columella fauceque aurantiacis, labro albo.*

Long. 33 mill.; diam. maj. 14 mill.; apert. (cum peristomate) 18 1/2 mill. longa; 10 lata. (Mus. Burdigalense, coll. Gassies.) — Spec. 3 vidi.

HAB. Forma typica et var. β in insula Mare (archipel Loyalty) (R. P. Montrouzier).

Espèce très voisine du *B. Pancheri*, auquel nous avions d'abord été tenté de la rattacher, à titre de variété, mais dont elle se différencie, très évidemment, par la nature de son test, par sa forme beaucoup plus élancée; par des stries spirales élevées, à peine marquées, son ouverture très sensiblement plus étroite, en ovale plus allongée, ses bords subparallèles et son labre brièvement réfléchi. Coloration blanche, ornée de petites taches translucides, réunies par leur côté antérieur à des taches d'un blanc de lait, disposées en séries spirales assez régulières; columelle blanche ou orangée.

Longueur 30 mill., plus grand diamètre 15 mill.; ouverture (péristome compris) 16 mill. de long sur 9 de large. (Musée de Bordeaux, collection Gassies.) Vu six exemplaires.

Var. β semblable au type par sa forme et sa sculpture; d'un fauve orangé, bigarrée de nombreuses petites taches fauves et d'un blanc pâle; columelle et intérieur de l'ouverture, principalement près du bord, de couleur orangée, labre blanc.

Longueur 33 mill., plus grand diamètre 14 mill.; ouverture (labre compris) 18 mill. de long sur 10 de large. (Musée de Bordeaux, collection Gassies.) Vu trois exemplaires.

Habit. Ile Mare (Loyalty).

N° 32. **Bulimus (Subulina) Pronyensis** GASSIES.

(Pl. III, fig. 18.)

Testa minutissima, imperforata, corneo-pallida, translucida, tenuis, diaphana, nitida, longitudinaliter et tenuiter striatula; anfractus 5, vix convexi, regulariter accrescentes, ultimus medium longitudinis formans; sutura profunda, intrante; apice obtusulo; apertura ovato-rotundata, columella arcuata, superne callosa, inferne vix patula; peristoma continuum, simplex, acutum.

Long. 3 1/2 mill.; diam. 2 mill.

Hab.-Les environs de la baie du Prony (Baie du Sud) (M. Rossiter). (Collection Gassies.)

Coquille très petite, imperforée, couleur de corne pâle, translucide, mince, diaphane, luisante, striée très finement en long ; tours, au nombre de cinq, convexes, croissant régulièrement, le dernier formant la moitié de la longueur totale ; suture profonde, serrant les tours et les rendant convexes ; sommet presque obtus ; ouverture ovale-arrondie ; columelle arquée, surtout au sommet où elle est très épaisse et calleuse ; péristome continu, simple, aigu.

Observ. Cette petite coquille a été trouvée dans l'intérieur d'une *Helix Megei*, malheureusement elle était isolée et unique. Nous pensâmes d'abord que ce n'était qu'un jeune individu de *B. Souverbianus*, mais, après l'avoir soumise à la loupe, il nous fut facile de voir qu'elle était très adulte, ce qui nous décida à la publier. En effet, bien qu'elle rappelle le facies du jeune *B. Souverbianus*, elle en diffère essentiellement par sa petitesse, le nombre exigu de ses tours, sa forme régulière, et surtout son ouverture dont la columelle dénote un âge mûr par l'épaisseur calleuse de sa partie supérieure qui forme avec le péristome un angle assez obtus.

ESPÈCES DE BULIMES VIVANTS TROUVÉS A L'ÉTAT FOSSILE

B. fibratus, Ile des Pins, îlot Koutoumo.
duplex. Ile Ouen, Pointe de l'Artillerie, Nouméa.
falcicula. Baie du Sud.
abbreviatus. Ile Lifou (Loyalty).
senilis. Ilôt Koutoumo, île des Pins.
subsenilis. Id.
Alexander. Id.
buccalis. Ile Nou.
sinistrorsus. Ile Lifou.
Mageni. Ile Nou.
sinistrorsus. Baie du Sud, île Lifou.

OBSERVATIONS SUR LE GENRE BULIMÉ.

Ce genre, prépondérant en Nouvelle-Calédonie, a été l'objet d'une foule de notes de la part de presque tous les savants qui se sont occupés de cette Faune.

Les uns ont paru réunir les espèces, les autres les ont multipliées à l'infini. Dans ces deux manières extrêmes il y a eu un milieu qui, aujourd'hui que les coquilles sont plus répandues, plus communes, a permis de tracer une limite presque certaine et poser les bases d'une classification sinon absolue, du moins rationelle.

Nous n'avons pas la prétention d'être définitif dans notre manière de voir, mais nous pensons qu'à l'aide des nombreux envois que nous avons reçus depuis la première époque de la prise de possession jusqu'à ce jour, nous pouvons nous faire une opinion basée sur le nombre des espèces de notre collection et de celles de MM. Crosse, Guestier, Souverbie, et Marie. Si nous nous trompons ce sera de bonne foi, et d'autres pourront se tromper aussi.

Dans l'essai de classification que nous avons présenté dans la 2º partie de notre Faune, pages 56 et 57, il s'est glissé une erreur typographique qui déplace l'ordre dans lequel nous avions placé nos Bulimes; aussi le rectifierons-nous ainsi :

Divisions.

1ʳᵉ Division. *Placostylus* Beck.
2ᵉ   —   *Charis* Albers.
3ᵉ   —   *Draparnaudia* Montrouzier.
4ᵉ Division. *Bulimulus* Beck.
5ᵉ   —   *Subulina* Beck.

Groupes.

1ᵉʳ Groupe. *Fibratus* Martyn.
2ᵉ   —   *Souvillei* Morelet.
3ᵉ *Porphyrostomus* Pfeiffer.
4ᵉ *Eddystonensis* Reeve.
5ᵉ Groupe. *Sinistrorsus* Deshayes.
6ᵉ   —   *Mageni* Gassies.
7ᵉ   —   *Souverbianus* Gassies.
8ᵉ   —   *Pronyensis* Gassies.

1ʳᵉ Division. — *Placostylus* Beck.

1ᵉʳ Groupe. — *Fibratus* Martyn.

1. *fibratus* Martyn.
2. *pinicola* Gassies.
3. *Boulariensis* Souverbie.
4. *buccalis* Gassies.
5. *Insignis* Petit.
6. *Ouveanus* Dozauer.
7. *corpulentus* Gassies.
8. *Lalannei*
9. *Edwarsianus* Gassies.
10. *duplex* —
11. *senilis* —
12. *subsenilis* —
13. *arenosus* —
14. *Ouensis* —
15. *Lamberti* —

2ᵉ Groupe. — *Souvillei* Morelet.

1. *Souvillei* Morelet.
2. *cicatricosus* Gassies.
3. *Alexander* Crosse.
4. *Guestieri* Gassies.
5. *Goroensis* Souverbie.

3ᵉ Groupe. — *Porphyrostomus* Pfeiffer.

1. *porphyrostomus* Pfeiffer.
2. *Caledonicus* Petit.
3. *scarabus* Albers.
4. *Pseudo-Caledonicus* Montrouzier.
5. *Annibal* Souverbie.
6. *Gaudryanus* Gassies.
7. *Mariei* Crosse.
8. *submariei* Souverbie.
9. *Bondeensis* —
10. *abbreviatus* Gassies.
11. *Debeauxi* —

2ᵉ Division. — *Charis* Albers.

4ᵉ Groupe. — *Eddystonensis* Reeve.

1. *Eddystonensis* Reeve.
2. *Bavayi* Crosse.
3. *bivaricosus* Gaskoin.
4. *Pancheri* Crosse.
5. *Loyaltyensis* Souverbie.

3ᵉ Division. — *Draparnaudia* Montrouzier.

5ᵉ Groupe. — *Sinistrorsus* Deshayes.

1. *Sinistrorsus* Deshayes.
2. *Turgidulus* Gassies.
3. *Theobaldianus* Gassies.

4ᵉ Division. — *Bulimulus* Beck.

6ᵉ Groupe. — *Mageni* Gassies.

1. *Mageni* Gassies.

5ᵉ Division. — *Subulina* Beck.

7ᵉ Groupe. — *Souverbianus* Gassies.

1. *Souverbianus* Gassies.
2. *Artensis* —
3. *Blanchardianus* Gassies.
4. *Pronyensis* —

D'après cette classification et après minutieuse révision de tous nos types et variétés, nous avons dû abroger les espèces suivantes :

B. Infundibulum Gassies, monstruosité de *Fibratus*.
    Æsopeus   Id.   Id.   d'*Ouveanus*.
    Rhizophorarus Id.   est des îles Fidji.
    Imbricatus   Id.   variété de *Fibratus*.
    Superfaciatus
    Patens.
    Necouensis.   Espèces proposées dans l'*Appendice* de la 2º partie
    Carbonarius.   de la *Faune*.
    Bulbulus.

Ces variétés ne peuvent se relier qu'au type *fibratus*, comme nous avons pu nous en convaincre par de nombreuses comparaisons. Le *B. bulbulus* n'est réellement que l'embryon d'un autre bulime dont nous ne connaissons pas la spécification.

Les nombreuses anomalies qui nous sont venues principalement de l'île des Pins, montrent combien il faut se défier de la forme unique d'une soi-disant espèce. Nous avons des *B. Souvillei, fibratus, ouveanus, pseudo-caledonicus*, etc., etc., qui affectent les formes les plus diverses du scalarisme simple, trigonostome, effilé, trapu ; d'autres qui sont complètement sphériques, en boule, et enfin, certains sont garnis, à l'ouverture, de tubercules ou d'excroissances dentiformes qui permettent à peine leur désignation spéciale tant ils déforment le péristome. Il est donc très prudent de n'établir une espèce que sur un nombre convenable d'individus sur lesquels les sujets de comparaison pourront fournir des caractères sérieux et constants.

GENRE VIII. — BLAUNÉRIE, *BLAUNERIA* SHUTTLEWORTH.

Nº 33. **Blauneria Leonardi** CROSSE.

    Journal de Conchyliologie, t. XX, p. 71, janvier 1872 et p. 357.
        Pl. II, fig. 16.

Testa sinistrorsa, oblongo-ovata, tenuissima, lævigata, hyalina, spira elongata, apice obtusulo ; sutura leviter impressa; anfractus 6 plani, ultimus spiram subsequam; apertura subangusta, lanceo-

lata; peristoma simplex, margine columellari brevi, subincrassato, basali et externo acutis; paries aperturalis prope columellam sat valide uniplicatus.

Long. 2 1/4 mill., diam. maj. 1 mill.

HAB. Environs de Nouméa (Nouvelle-Calédonie). (Collections Crosse et Gassies.)

Coquille sénestre, de forme ovale-oblongue, très mince, lisse, polie, transparente et de coloration hyaline; spire allongée, terminée par un sommet légèrement obtus; suture peu marquée; tours de spire au nombre de six et plans; dernier tour à peu près aussi grand que la spire; ouverture assez étroite et lancéolée; péristome simple; bord columellaire court et légèrement épaissi; bord basal et bord externe tranchants; paroi aperturale munie, dans le voisinage de la columelle, d'un pli assez fort et presque horizontal.

Observ. La présence de ce genre n'avait point encore été signalée jusqu'ici en Nouvelle-Calédonie. L'espèce a été découverte par M. Léonard, médecin de première classe, à qui nous la dédions : elle nous a été communiquée par M. E. Marie, notre honorable correspondant. Le genre *Blauneria* existe à la fois aux Antilles et dans l'océan Pacifique. Notre espèce se distingue facilement du *B. Pollucida*, de Pfeiffer, et du *B. Gracilis*, de Pease, par sa taille beaucoup plus petite, ainsi que par sa forme ovale-oblongue et non turriculée.

GENRE IX. — TORNATELLINE, *TORNATELLINA* BECK.

N° 34. **Tornatellina Mariei** CROSSE.

Journal de Conchyliologie, t. XXII, p. 109, janvier 1874, et p. 393, pl. XII, fig. 7.

(Pl. II, fig. 22.)

Testa imperforata, breviter conica, ovato-ventricosa, tenuis, pellucida, corneo-hyalina; spira brevis, apice obtusulo; sutura parum impressa; anfractus 4 convexiusculi, ultimus inflatus, spiram superam, basi rotundatus; apertura rotundato-lunaris, concolor, lamella parietali parum conspicua, intrante minuta; peristoma simplex, margine collumellari plica valida, albida instructo, basali et externo acutis.

Diam. maj. 2 mill. longit. 2 1/2.

HAB. Baie du Sud (Nov. Caled.) (E. Marie). (Collect. Gassies.)

Coquille imperforée, brièvement conique, de forme ovale-ventrue, assez renflée, mince, transparente et d'un jaune corné cristallin; spire courte, terminée par un sommet légèrement obtus; suture marquée ; tours de spire au nombre de quatre, et légèrement convexes ; dernier tour renflé, plus grand que la spire et arrondi à la base ; ouverture de forme semi-lunaire, arrondie, de même couleur que le reste de la coquille, et accidentée par la présence d'une lamelle pariétale peu apparente, mais pénétrant assez profondément; péristome simple ; bord columellaire muni d'un pli fortement développé et blanchâtre ; bord basal et bord externe minces et tranchants.

Observ. Cette espèce est plus courte et beaucoup plus renflée que le *Tornatellina Noumeensis;* elle est plus mince, plus hyaline et pourvue d'un pli columellaire plus fort.

Dédiée à M. E. Mario.

Genre MAILLOT, *PUPA* Lamarck.

N° 35. **Pupa Paitensis** Crosse.

Journal de Conchyliologie, t. XX, p. 227, juillet 1872, et t. XXII, p. 391, pl. XII, fig. 5, octobre 1874.

(Pl. II, fig. 23.)

Testa perforato-rimata, sinistrorsa, oblongo-ovata, subventricosa, tenuis, cornea; spira mediocriter conica, apice obtuso; sutura leviter impressa; anfractus 4 1/2 *convexi, subinflati, regulariter accrescentes, ultimus spiram subæquans, basi attenuatus; apertura subverticalis, semiovalis, plica parietali unica coarctata; peristoma incrassatum, margine externo subinflexo.*

Long. 1 1/2; diam. maj. 3/4 mill.

Hab. Païta, côté ouest de le Nouvelle-Calédonie. (Collection Gassies.)

Coquille munie d'une fente ombilicale bien accusée, sénestre, de forme ovale-oblongue, un peu ventrue, mince et de coloration cornée; spire médiocrement conique, terminée par un sommet obtus; suture légèrement marquée; tours de spire au nombre de 4 1/2, convexes, un peu renflés et s'accroissant régulièrement; dernier tour à peu près aussi grand que la spire et atténué à la base; ouverture subverticale, semi-ovale, resserrée par la présence d'un pli pariétal unique et assez fort; péristome épaissi et d'un brun corné violâtre; bord externe légèrement réfléchi.

N. B. Le *Pupa Obstructa* Gassies a été fort mal représenté dans le t. XXI, pl. II, fig. 7, 1873, du *Journal de Conchyliologie*, l'ouverture présente la lamelle dentaire beaucoup trop isolée, et n'obstruant pas assez le pourtour et l'entrée qui se dégage à peine chez les individus connus.

N° 36. **P. Mariei** CROSSE.

Journal de Conchyliologie, t. XIX, p. 202, juillet 1871, et t. XX, p. 358, pl. XVI, fig. 3, octobre 1872.

(Pl. II, fig. 25.)

Testa anguste perforato-rimata, subogloboso, ventricosa, tenuiscula, subtranslucida, suboculo valide armato tenuissime et subobique striatula, luteo-carnea, unicolor; spira mediocriter elevata, apice obtuso; sutura impressa; anfractus 4 1/2 convexi, ultimus 1/3 longitudinis vix æquans, in vicinio aperturæ leviter coarctatus; apertura subverticalis, lunato-rotundata; intus concolor; peristoma valde incrassatum, reflexum, violaceum; margine columellari brevi, basali rotundato, externo leviter flexuoso, versus insertionem subemarginato, attenuato, extus subscrobituto, parietali dentibus 2 minutis, altero marginis externi insertioni vicino, majore, altero magis profunde sito, parum conspicuo.

Long. 2 mill.; diam. maj. 1 1/2 mill.; apert. 1 1/2 mill. longa; 2/3 lata.

HAB. Environs de Nouméa (Nov. Caled.) (E. Marie) (Collection Gassies.)

Coquille munie d'une perforation ombilicale étroite, subglobuleuse, ventrue, assez mince, subtranslucide et présentant sous un fort grossissement, de petites stries très minces et légèrement obliques, qui sont tout à fait invisibles à l'œil nu. Coloration d'un ton émaillé jaunâtre uniforme; spire médiocrement élevée et terminée par un sommet obtus; suture bien marquée; tours au nombre de 4 1/4 et convexes; dernier tour formant environ 1/3 de la longueur totale et légèrement resserré, dans le voisinage de l'ouverture, qui est subverticale, de forme semi-lunaire arrondie et de même couleur que le reste de la coquille, à l'intérieur; péristome fortement épaissi, réfléchi et de coloration violâtre; bord columellaire court; bord basal arrondi; bord externe légèrement flexueux, subémarginé près de son point d'insertion, atténué et légèrement scrobiculé extérieurement; bord pariétal muni de deux dents, l'une plus grande et située à peu de distance du point où vient s'insérer le bord externe, l'autre placée un peu plus loin, plus profondément dans l'ouverture et moins apparente.

Observ. Cette espèce est bien distincte par sa coloration, ainsi que par le nombre et la disposition de ses dents aperturales, des autres espèces dextres, appartenant au genre *Pupa,* et recueillies jusqu'à ce jour en Nouvelle-Calédonie.

Dédiée à M. E. Marie qui l'a découverte aux environs de Nouméa.

N° 37. P. Fabreana CROSSE.

Journal de Conchyliologie, t. XX, p. 359, octobre 1872, et t. XXII, p. 392, pl. XII, fig. 6, octobre 1874.

(Pl. II, fig. 24.)

Testa umbilicata, sinistrorsa, subovato-oblonga, tenuis, translucida, vix nitidula, cornea; spira mediocriter elevata, apice obtuso; sutura leviter impressa; anfractus 5 convexi, regulariter accrescentes, ultimus spira minor (:: 1 : 3), extus ad occursum marginis externi et basi valide scrobiculatus; apertura subverticalis, semi-ovalis concolor; plicis 3, prima parietali, valida; secunda marginali, profunde sita; tertia collumellari, coarctata, peristoma breviter expansum, crassiusculum, corneo-albidum, margine basali intus ad locum scrobiculationi externæ respondentem incrassato, externo versus scrobiculationem medio subinflexo.

Long. 1 1/2 mill., diam. maj. 2/3 mill.

HAB. Vata, environs de Nouméa (Nov. Caled.). (E. Marie). (Coll. Crosse et Gassies.)

Coquille ombiliquée, sénestre, de forme ovale-oblongue, mince, translucide, à peine luisante et de coloration cornée; spire médiocrement élevée, terminée par un sommet obtus; suture légèrement marquée; tours de spire, au nombre de cinq, convexes et s'accroissant régulièrement, dernier tour plus petit que la spire (: : 1 : 3), présentant extérieurement une forte scrobiculation immédiatement en arrière du bord externe et à la base ; ouverture subverticale, semi-ovale, de même coloration que le reste de la coquille, et resserrée par la présence de trois plis ; le premier pariétal, fortement accusé, le second marginal, situé profondément à l'intérieur, le troisième columellaire ; péristome brièvement étalé, assez épais et d'un blanc corné ; bord basal épaissi intérieurement, au point qui correspond à la scrobiculation externe ; bord externe légèrement infléchi à sa partie médiane, vers l'endroit de la scrobiculation.

Observ. Cette espèce, très voisine du *Pupa Paitensis* et sénestre comme lui, s'en distingue par sa coquille ombiliquée, au lieu d'être simplement perforée, par sa forme générale plus oblongue et moins ventrue, par son test un peu moins terne et plus mince, par sa spire moins conique, par ses tours au nombre de 5 et non de 4 1/2, par son dernier tour plus petit que la spire, et présentant une double scrobiculation externe, et enfin par son ouverture qui présente trois plis dentiformes au lieu d'un seul.

Dédié à M. Fabre, pilote major à Nouméa, qui a enrichi la faune terrestre d'espèces assez nombreuses.

Observ. « *Species Pupæ Paitensi, speciei Caledonicæ quoque sinistrorsæ, valde vicina, sed testa umbilicata nec perforato-rimata, oblonga nec ventricosa, paulo nitidiore, spira minus conica, anfr.* 5 *nec* 4 1/2, *ultimo anfractu spira minore et extus biscrobiculato, apertura triplicata nec uniplicata distinguenda.* »
Ludovico Pfeiffer, t. VIII, 1877, p. 391, n° 296.
Supplément 4, t. II.

GENRE XI. — MÉLAMPE, *MELAMPUS* MONTFORT.

N° 33. **Melampus Exesus** GASSIES.
Journal de Conchyliologie, t. XXI, p. 212, avril 1874.
(Pl. II, fig. 4.)

Testa subrimata, ovato-conica, solida, longitudinaliter striatula, circumsulcata, castanea, concolor, epidermide brunneo-lutea, decorticata; spira brevis, convexo-conoidea, decollata; sutura impressa, lacerata; anfractus 3 *planiusculi, ultimus* 3/4 *longitudinis æquans; apertura vix obliqua, angusta, superne acuto-angulata, inferne breviter rotundata; plicæ parietales* 2, *supera major, elongata vel multidentata* (6 ?), *infera alba, horizontalis; plica colu-*

mellaris acuta, elevata, albo-rosea; peristoma simplex, subpatulum, carneolum, lactescens, violaceo-nitidum, margine dextro superne angulato, inferne subrotundato, intus denticulis 5, albis munito; columella albo rosea, nitida.

Diam. maj. 6 1/2 mill.; alt. 9-10; apertura 9 mill. longa, 2 lata.
Hab. Baie du Sud (Nov. Caled.) (R. P. Lambert). (Collection Gassies.)

Coquille à peine perforée, ovale-conique, solide, striée finement en long, sillonnée transversalement, couleur uniforme brun chocolat; épiderme brun-jaune, rongé; spire raccourcie, conoïde, convexe, tronqué; suture aplatie, déchirée; tours, au nombre de trois, presque plans, le dernier formant les 3/4 de la longueur totale; ouverture un peu oblique, resserrée, très anguleusement étroite vers le haut, arrondie vers la base; plis pariétaux au nombre de deux, le supérieur assez grand, allongé et formant à peu près six petites dents, l'intérieur est blanc et horizontal; pli columellaire aigu, s'élevant vers le haut, blanc rosé; péristome simple, un peu bordé intérieurement, carnéolé luisant; bord droit supérieurement anguleux, un peu arrondi à la base intérieure, d'un blanc laiteux, violacé, un peu épais, d'où saillent cinq protubérances dentaires petites, très blanches; columelle d'un blanc rosé luisant.

Observ. Cette espèce ne peut être confondue avec aucune de ses congénères, à cause d'abord de son épiderme persistant, puis de sa forme tronquée et de l'étroitesse de son ouverture.

N° 39. **M. Strictus** Gassies.
Journal de Conchyliologie, t. XXII, p. 213, avril 1874.
Pl. II, fig. 5.

Testa perforata, ovato-oblonga, solida, longitudinaliter flexuoso-costulata, obscure brunnea, subepidermide tenui, fulvo-livida, nitidiuscula, evanescente; spira elongata, acuminata; sutura mediocris, inferne lacerata; anfractus 7-9 planiusculi, ultimus 2/3 longitudinis æquans; apertura angusta, superne acuta, angulata inferne breviter rotundata; plica parietalis mediocris, horizontalis, intrans; plica columellaris minor, ascendens; carneola, nitida margine dextro superne angulato, medio subflexuoso, inferne subrotundato; peristoma simplex, intus subpatulum; intus brunneo-

vinosa, nitida, callo lactescente; columella vix patula, roseo-brunnescens, nitida.

Diam. maj. 5 mill.; alt. 10 1/2; apertura 5 mill. longa, 1 1/2 lata.

Hab. Baie du Sud (Nov. Caled.) (R. P. Lambert). (Collection Gassies.)

Coquille finement perforée, ovale-oblongue, solide, parcourue longitudinalement par des côtes flexueuses élevées et tranchantes, surtout vers l'ombilic; couleur brun obscur, un peu rougeâtre, luisant aux avant-derniers tours, jaune pâle au sommet; épiderme mince, caduc, jaune livide, un peu luisant; spire allongée, aiguë; suture médiocre, assez lacérée, surtout au dernier tour; tours, au nombre variable de sept à neuf, aplatis, le dernier formant les 2/3 de la longueur totale; ouverture étroite, resserrée, anguleuse au sommet, un peu arrondie à la base; pli pariétal médiocre, horizontal, entrant profondément dans l'intérieur; pli columellaire très petit, peu saillant, entourant la columelle et se dirigeant vers le haut; couleur de chair luisante; bord droit anguleux au sommet, un peu flexueux vers le milieu, inférieurement arrondi; péristome simple, un peu épaissi intérieurement; intérieur brun vineux, luisant; empâtement blanc, lactescent, brillant, sans dents apparentes; columellaire assez épaisse, rose-brunâtre luisant.

Observ. Cette espèce, parfaitement distincte, ne peut se comparer à aucune de celles que nous connaissons. Sa forme allongée la rapproche un peu du *M. Adamsianus*, mais elle en diffère par sa taille constamment plus grande et son test sordide, privé d'épiderme, ce qui permet de voir facilement les varices longitudinales du test qui sont très saillantes et flexueuses.

N° 40. **M. Frayssei** Montrouzier.
(Pl. II, fig. 26.)

Testa minutissima, imperforata, ovato-conica, nitida, longitudinaliter striatula, brunneo-rosea, albido regulariter maculata singulis 4 transversis, interruptis albidis in ultimo anfractus; superno guttulato, medio et inferno distantibus spira brevissima, apice acuto nitido, anfr. 9, mediocriter convexi superne lirata, ultimus 2/3 longitudinis æquans, sutura impressa, alba; apertura angusta, basi vix rotundata, intus albido-fuscescens, plicis 12-8 *marginibus* 3 *parietalibus superioris parvis, columellari majore basali, bifido; columella curva, patula, caniculata, truncata, vix ascendente, albo-rosea, nitida.*

Long. 5 mill.; diam. 3 mill.

Hab. Lifou (îles Loyalty) (Nouvelle-Calédonie) (R. P. Montrouzier).

Coquille très petite, imperforée, ovale-conique, luisante, finement striée en long, de couleur brun rosé, tachée sur le dernier tour, et circulairement de quatre lignes de points blancs jaunâtres réguliers, plus accentués vers la suture supérieure qui est d'un brun foncé; spire courte, à sommet pointu, luisant; tours, au nombre de neuf, à peine convexes, le dernier formant plus des 2/3 de la longueur totale, les premiers un peu étranglés, les autres ponctués; suture aplatie, blanche; ouverture étroite, arrondie à la base, intérieurement d'un blanc brunâtre, luisant, garnie de douze plis: huit sur le bord latéral, trois sur le bord pariétal, un columellaire, ceux du bord droit sont empâtés dans un émail très blanc, les pariétaux columellaires sont: le supérieur très petit, le médian bifide et le columellaire assez épais, recourbé vers le haut, bifide, tronqué blanc-rosé brillant; péristome blanc, bordé de brun rouge, luisant.

Observ. Cette petite espèce est très-distincte de toutes ses congénères par sa taille exiguë, sa coloration, le brillant de son test et ses maculations presque symétriques. Nous n'avons reçu qu'un seul individu, sans savoir si elle est rare ou commune.

Nous avons reçu de M. Savès, deux jeunes individus d'un *Melampsus* fort intéressant: la coquille est conique, à spire supérieure aiguë, le dernier tour est fortement sillonné en travers et en long, ces sillons, souvent flexueux, forment par leurs intersections de fortes granulations tuberculeuses assez bien disposées qui, avant de se réunir, coupent les sillons transverses vers la carène. Le sommet est aigu, sans érosion. La spire est composée d'environ 8 à 9 tours dont le dernier fait presque le volume total; l'ouverture est très-étroite, le bord pariétal est pourvu d'un pli descendant, assez fort; vers le haut, il en existe un petit punctiforme à peine apparent, le columellaire est médiocre et ascendant, le bord droit est brun vineux sur lequel se détache en blanc un empâtement garni de quelques plis.

Nous proposerons le nom de *M. Sulcatus* pour cette coquille. — J. B. G.

Genre XII. — SCARABE, *SCARABUS* Montfort.

N° 41. **Scarabus regularis** Gassies.
(Pl. III, fig. 14.)

Testa rimata, elongato-ovata, pyramidata, carneo-fusca nitido sparsim irregulariter maculata, longitudinaliter striata, prope suturam valide strigosa; anfractus 9-10, acuminati, ultimus 2/3 longitudinis æquans; sutura subplicata, spira abbreviata, apice subtruncato, varicibus fulvo nigris; apertura subanguste ovata, denticulata, labro dextro intus crasso, fulvo, tuberculis 6 munito, 2 mediis majoribus, 1 minore, crasso, carneolo albescente, parietalibus, superiore lato, descendente, inferiore majore, descendente intrante, plica columellari mediocri, ascendente; columella expansa; peristomate calloso, intus carneolo, nitido.

Diam. maj. 10-12; alt. 21-23 mill.; apert. 10 mill. longa, 7 lata.
Hab. Maré (Loyalty) (M. Rossiter). (Coll. Gassies.) 12 spec. vidi.

Coquille munie d'une perforation ombilicale courte et étroite, ovale-allongée, pyramidale, couleur de corne jaunâtre ou roussâtre luisant, irrégulièrement parsemée de taches brunes n'affectant aucune forme arrêtée, striée en long et presque plissée vers les sutures; tours de spire, au nombre de neuf à onze, acuminés au sommet, le dernier, très grand, formant les 2/3 de la longueur totale; suture linéaire plissée au sommet; spire raccourcie et déprimée, sommet souvent tronqué; varices d'accroissement jaunâtre clair, suivi de noir presque détaché du fond; ouverture ovale, étroite, garnie de six tubercules dentiformes, trois au bord droit, dont la médiane très petite, deux sur le pariétal, le supérieur élargi à la base, aigu et descendant, l'inférieur embrassant le bord et plongeant dans l'intérieur, se dirigeant vers le bas; pli columellaire moins grand, ascendant, columelle étalée, renversée sur l'ombilic; péristome calleux, intérieur rose carnéolé, luisant.

Observ. Cette espèce, de forme très régulière, se rapproche un peu de celle du *Sc. Chalcostomus*; mais il sera très facile de la séparer : 1° par sa spire courte; 2° le nombre de ses tours; 3° les denticulations de l'ouverture, et 4° les macules irrégulières qui la couvrent.

N° 42. **Scarabus intermedius** Gassies.

(Pl. III, fig. 16.)

Testa imperforata, mediocris, compressiuscula, longitudinaliter striata, polita, rufescens, castaneo vel fulvo-marmorata; spira abbreviata acuminata, varicibus albis; anfractus 9; compressi, ultimus 2/3 longitudinis æquans; apice, eroso, sutura vix canaliculata; apertura constricta ovata, superne et inferne angulata, depressa, dentibus, in margine, dextro 2, parietalibus 2, superno acuta, descendente, medio majore revoluto intrante; plica columellari, minore; ascendente; columella mediocri erecta, labro angulato, intus albo-luteo, crasso; peristomate subreflexo, subcontinus nitido.

Diam. maj. 11 mill.; alt. 17 mill.; apert. 8 mill. longa, 5 lata.
Hab. Maré (Loyalty) (M. Rossiter). (Coll. Gassies.) 8 spec. vidi.

Coquille imperforée, médiocre, comprimée, striée flexueusement en long, lisse, luisante, couleur marron marbré sur un fond jaunâtre; spire courte, ramassée, aiguë au sommet qui est presque toujours privé de son tour nucléolaire, varices d'accroissement blanches, nettement détachées; tours, au nombre de neuf, aplatis, le dernier formant les 2/3 de la longueur totale; suture un peu canaliculée; ouverture resserrée, ovalaire, déprimée, anguleuse en haut et en bas, avec deux tubercules dentiformes sur le bord droit intérieur où ils sont empâtés ordinairement; deux dents sur le pariétal, la supérieure courte, aiguë, inclinée vers le bas, la médiane plus grande, s'incurvant dans l'intérieur; le pli columellaire petit et très ascendant; columelle droite, peu épaisse, formant angle avec le bord basal; intérieur blanc jaunâtre assez épais; péristome presque continu; bord droit un peu réfléchi, jaune luisant.

Observ. Nous avons hésité quelque temps à introduire cette coquille dans la nomenclature à cause de quelques ressemblances que nous lui trouvions avec le *S. minor*; mais, après l'avoir minutieusement étudiée nous avons constaté : qu'elle est plus grande, plus obèse, moins aiguë et surtout plus élargie à sa périphérie, que ses dimensions et le nombre de ses tours diffèrent beaucoup, ainsi que son poids spécifique.

N° 43. **Scarabus lacteolus** Gassies.

(Pl. III, fig. 15.)

Testa rimata, oblongo-pyramidata, corneo-albida, obscure castanea, irregulariter maculata, maculis albidis, longitudinaliter striata, prope suturam strigosa; anfractus 9-10 mediocriter convexi, ultimus 2/3 longitudinis æquans; sutura appressa, albida; spiro acuminata, apice eroso; varicibus scalaribus castaneo-albis; apertura ovata; superne angulata, inferne subexpansa, denticulata, tuberculis lateralibus 5, 2 majoribus, mediis; 3 minoribus; parietalibus 2; superiore triangularis, bifido, descendente, inferiore majore, descendente, intrante; plica collumellaris, mediocris, ascendente; columella expansa; peristomate subreflexo, calloso; intus luteo-albido nitido.

Diam. maj. 13 mill.; alt. 25 mill.; apert. 10 mill. longa, 7 1/2 lata.

Hab. Maré (Loyalty) (M. Rossiter). (Coll. Gassies.) 5 spec. vidi.

Coquille munie d'une perforation ombilicale courte, recouverte, en partie, par la torsion du péristome, de forme pyramidale, allongée, couleur de corne blanchâtre et brun foncé, sur lequel se détachent des ponctuations d'un blanc laiteux assez irrégulièrement disposées sur les deux ou trois derniers tours, striée en long, un peu plissée vers les sutures; suture comprimée, aplatie, blanchâtre; spire composée de neuf à dix tours à peine convexes, les premiers aigus et courts, le dernier grand, formant les 2/3 de la longueur totale, le sommet presque toujours dépourvu du nucléolaire; varices d'accroissement appliquées en marches d'escalier, blanches, bordées de brun foncé; ouverture ovalaire, anguleuse au sommet, dilatée à la base dentée, bord droit muni intérieurement de cinq tubercules, dont deux sont assez élevés, les trois autres sont très petits et tendent à se perdre dans l'empâtement; bord pariétal orné de deux denticulations, la supérieure triangulaire, bifide et descendante, l'inférieure plus grande, ceint et rentre dans l'intérieur en ligne descendante; pli columellaire médiocre, ascendant, columelle étalée; péristome un peu réfléchi, calleux; intérieur jaune pâle luisant.

Observ. Ce scarabus diffère de ses congénères par sa forme plus pyramidale, son péristome évasé, renversé même, son ombilic plus ouvert et enfin sa coloration lactescente.

GENRE XIII. — CASSIDULE, *CASSIDULA* FÉRUSSAC.

N° 44. **Cassidula pilosa** Gassies.
Journal de Conchyliologie, t. XXII, p. 209, avril 1874.
(Pl II, fig. 2.)

Testa imperforata, ovato-conica, solida, transversim et longitudinaliter striata et regulariter sulcata; castanea, haud nitens; subepidermide tenui, concolor, vel villosa, ad suturam pilis elevatis; spira mediocris, conica; anfractus 5, ultimus 2/3 longitudinis æquans, primus superne erosus; apice obtuse truncato; sutura depressa, inferne circumsulcata, integra; apertura anguste ovalis, superne angulata, inferne rotundata, intus violacea, plicis parietales 2, supera parvula, fere horizontalis, altera major obliqua intrans; plica collumellaris plus minusve ascendens; peristoma incrassatam, margine dextro extus turgido, intus supra medium dente valido, acuto munito; margine collumellari dilatato, subpatente.

Diam. maj. 4 1/2 mill.; alt. 6 1/2 mill.

HAB. Conception, près de Nouméa (Nouvelle-Calédonie) (R. P. Lambert). (Collect. Gassies.)

Coquille imperforée, ovale-conique, solide, striée longitudinalement, sillonnée régulièrement en long; couleur brun chocolat terne, épiderme mince de même couleur, dans lequel se voient des lames cornées, pileuses, irrégulièrement espacées, raides, plus nombreuses vers les sutures; spire médiocre, conique; tours, au nombre de cinq, le dernier formant les 2/3 de la longueur totale, le supérieur rongé, le sommet obtusément tronqué; suture aplatie, sillonnée inférieurement dans le sens de la spire et sans lacération; ouverture étroitement ovale, anguleuse au sommet, arrondie à la base, à intérieur violacé et luisant, ornée de plusieurs plis, deux pariétaux dont le supérieur, très petit, est horizontal, l'inférieur bien plus grand, s'incurvant dans le même sens et dans l'intérieur; le pli columellaire, un peu moindre, s'élève presque verticalement vers le haut; péristome épais, calleux, se renversant fortement à l'extérieur en s'épaississant encore et se reliant avec la carène ombilicale extérieure; un peu au-dessus du milieu intérieur, s'entaille une forte dent venant de la partie inférieure, vers le haut ; bord columellaire assez dilaté et très épaissi.

Observ. Cette petite cassidule est fort distincte de ses congénères par sa forme trapue, conique et épaisse, la brièveté de sa spire, son épiderme brun terne et ses poils nombreux et raides.

N° 45 C. Truncata Gassies.

Journal de Conchyliologie, t. XXII, p. 210, avril, 1874.
(Pl. II, fig. 3.)

Testa subrimata, ovato-elongatula, solida, longitudinaliter striata, arcuatim sulcata, intus sulcis punctata; castaneo-nitida, epidermide luteo-fusca, nitida, vel decorticata; spira ovato-elongatula, truncata; anfractus 3 1/2-4 vix convexi, ultimus 2/3 longitudinis æquans, superi truncati; sutura depressa, lutea, inferne circumsulcata, integra; apertura anguste elongata, superne angulata, inferne vix rotundata; intus obscure violacea; plicæ parietales 2, supera parvula, descendens, altera major, oblique intrans; plica columellaris plus minusve ascendens; peristoma incrassatum, calloso-reflexum, margine dextro extus turgido, intus supra medium dente valido, acuto munito; margine columellari dilatato, subpatente, extus carinato.

Diam. maj. 7 mill.; alt. 8-11 mill.

Hab. Baie du Sud (Nouvelle-Calédonie) (R. P. Lambert). (Collect. Gassies.)

Coquille munie d'une petite fente ombilicale courte, presque recouverte par la callosité externe, ovale-allongée, solide, parcourue longitudinalement par des stries un peu obliques et circulairement par des sillons réguliers dont la base est ponctuée; couleur brun livide un peu luisant; épiderme jaune bronzé luisant, fréquemment piqué et exfolié en forme de taches d'un jaune de chrome assez vif; spire ovale, un peu allongée, tronquée; tours, n'en formant que 3 1/2 à 4, peu convexes, le dernier égalant les deux tiers de la longueur totale, les premiers étant tronqués et disparus; suture comprimée, jaunâtre, crispée par un sillon inférieur, rarement lacérée, mais plutôt piquée par d'autres mollusques; ouverture étroite, allongée, supérieurement anguleuse, un peu arrondie à la base; intérieur violet vineux assez pâle; deux plis pariétaux, le supérieur très petit, descendant; l'inférieur grand, oblique, presque horizontal, s'enroule dans l'intérieur; pli columellaire plus petit, se dirigeant vers le haut; péristome épais, calleux, se renversant à l'extérieur en un fort bourrelet qui va rejoindre la carène ombilicale qui est double; bord droit antérieur fortement entaillé vers le haut, laissant saillir une dent très épaisse, correspondant au milieu des deux dents pariétales; base columellaire dilatée et très épaisse.

Observ. Au premier aspect, cette espèce ressemble à un *Melampus*. Sa forme allongée et sa coloration la rapprochent beaucoup de certaines espèces de ce genre, mais il sera facile de la distinguer par les caractères de l'ouverture qui la placent dans le genre *Cassidula*, à côté du *Cassidula bulteata*. Son épiderme est le même, piqué par les succions des autres mollusques ou par suite de l'éclosion de leurs œufs. Au premier abord, il paraît pontué de jaune, résultat des érosions sous-jacentes de l'épiderme et du test.

Nous pensons que le *Cassidula intuscarinata* Mousson habite la Nouvelle-Calédonie, nous l'avons reçu par M. Marie. Une autre espèce que nous nommons provisoirement *hirsicta* diffère peu du *Pilosa*, cependant la taille est d'un tiers plus grande.

N° 46. **Cassidula Intuscarinata** Mousson.
Journal de Conchyliologie, t. XVIII, p. 132, pl. VII, fig. 9, avril 1870.

(Pl. III, fig. 17.)

Testa imperforata, ovato-conica, solida, longitudinaliter striata, circiter sulcata, epidermide fuscoso-castanea, in adultis evanescens, superne luteo-fasciata, in suturam lamellas cornea erecta, haud nitem, spira mediocris, conica, anfractus 6-7 convexi, ultimus 4/5 longitudinis æquans, primus superne erosus; sutura depressa, duplex; apertura anguste ovalis, superne angulata, inferne oblongo ovalis, intus obscure violacea, plicis parietales 2 supera parvula fere horizontalis, altera major, oblique intrans; lamina interiore verticalis plica columellaris plus minusve horizontalis; peristoma incrassatum, margine dextro extus turgido, intus supra medium dente valido, acuto munito, margine columellari dilatato subpatente, peristoma roseum, nitidum, carina umbilicalis producta lutescens.

Diam. maj. 10 mill.; alt. 18 mill.; apert. 12 mill. longa, 6 lata.

Hab. Baie du Prony (Nouvelle-Calédonie) (M. Th. Savès et

E. Marie). Natroga, île Viti-Levu (Mousson). (Collection Gassies.) 8 spec. vidi.

Coquille imperforée, ovale-conique, striée finement en long, assez fortement sillonnée en travers, recouverte d'un épiderme bronze jaunâtre au-dessus du test, qui est d'une couleur marron foncé. Cet épiderme est souvent piqué et s'exfolie facilement sur le haut des sutures; ces exfoliations se feutrent et forment des touffes de poils aigus irrégulièrement dispersés; en haut de la périphérie se remarque une carène mousse parcourue par une bande jaune au-dessus de laquelle se posent une bande brune et une autre bande jaune plus étroite bordant la suture. La carène ombilicale et l'extérieur du péristome sont jaunes, la coquille n'est point luisante; la spire est médiocre, conique; les tours supérieurs sont pressés et raccourcis, le nombre général est de six à sept, convexes, dont le dernier fait à lui seul les 4/5 de la longueur totale; le sommet est érodé; la suture est assez pressée par un petit cordon jaunâtre qui la fait paraître double; ouverture étroitement ovale, anguleuse au sommet, intérieur brun vineux, ornée de petits plis dentiformes sur le pariétal, un très petit vers le haut et descendant, un en lame verticale fortement intérieur, un au centre et très apparent, embrassant le tour et fuyant à l'intérieur, un à la columelle, médiocre, horizontal; péristome épais, réfléchi extérieurement, plan et fortement étalé à l'intérieur; pli supérieur du bord droit fortement entaillé, formant une dent aiguë et tranchante; bord columellaire large, aplati; péristome rose violacé, brillant.

Observ. Cette espèce, nouvelle pour la Calédonie, sera facile à séparer de ses congénères : 1° par son test épidermé; 2° par les lames cornées des sutures supérieures; 3° les lames du pariétal; 4° et enfin par son péristome large, aplati et renversé.

Elle diffère du *C. pilosa* par sa taille trois fois plus forte, sa coloration et son ouverture.

Genre XXIV. — DIPLOMMATINE, *DIPLOMMATINA* Benson.

N° 47. **Diplommatina Montrouzieri** Crosse.
Journal de Conchyliologie, t. XXII, p. 110, janvier 1874, et p. 394, pl. XVI, fig. 8, octobre 1874.
(Pl. II, fig. 6.)

Testa sinistrorsa, vix oblecte subrimata, subcylindraceo-ventricosa, inflata, tenuiscula, striis subdistantibus subobliquis impressa, fulvida; spira cylindraceo-conica, apice rotundato, obtusulo; sutura impressa; anfractus 6 valde convexi, inflati, primi 2 lævigati, sequente, suboblique et longitudinaliter striati, ultimus striis magis distantibus sculptus; vix ascendens, penultimo minor, basi rotundatus; apertura subverticalis, parvula, rotundata, fulvida, concolor; peristoma breviter reflexum, subduplicatum, vix continuum, adnatum, fulvidum.

Long. 2 1/4 mill.; diam. maj. 1 1/4 mill.; apertura vix 1 mill. longa, vix 1 lata.

Var. β. *Isabellino-cornea, concolor, paulo major.*

HAB. Baie du sud (Nouvelle-Calédonie) (E. Marie). (Coll. Gassies.)

Coquille sénestre, percée d'une fente ombilicale presque entièrement recouverte et à peine sensible, de forme subcylindracéo-ventrue, renflée, assez mince et marquée de stries légèrement espacées et un peu obliques; coloration d'un fauve clair; spire cylindracéo-conique, terminée par un sommet arrondi et légèrement obtus; suture bien marquée; tours de spire, au nombre de six, fortement convexes et renflés; premiers tours, au nombre de deux, lisses et polis; tours suivants, subobliquement striés dans le sens longitudinal; dernier tour, orné de stries, plus espacées, à peine ascendant, plus petit que l'avant-dernier tour et arrondi à la partie basale; ouverture subverticale, petite, arrondie et d'un fauve clair, qui rappelle la coloration du reste de la coquille; péristome brièvement réfléchi, presque double, subcontinu, bien qu'adhérent au bord pariétal, et d'un fauve clair.

Var. β, un peu plus grande que le type, s'en distinguant par sa coloration carnéolée, tournant à l'Isabelle.

Oberv. Cette espèce est voisine du *D. Perroquini*, mais elle est plus petite, plus renflée, plus ventrue, moins conique, subcylindracée; elle s'en distingue, en outre, par la petitesse relative de son ouverture et par son péristome brièvement réfléchi et beaucoup moins développé.

Dédiée au R. P. Montrouzier qui a tant contribué à faire connaître les mollusques de la Nouvelle-Calédonie.

Nº 48. **D. Perroquini** Crosse.

Journal de Conchyliologie, t. XIX, p. 204, juillet 1871, et t. XXI, p. 44, pl. 1, fig. 6, janvier 1873.

Gassies, *Faune Conchyliologique*, 2ᵉ partie, *Appendice*, p. 200, 1871.

(Pl. II, fig. 7.)

Testa sinistrorsa vix subrimata, breviter turriculata, subinflata, tenuiscula sed solidula, oblique striatula, pallide fulva; spira conica, apice rotundato, obtusulo, lævi; sutura valide impressa; anfractus 6 *convexiusculi, primi* 2 *læves, violaceo-fulvidi, sequentes striis obliquis, subdistantibus, tenuibus, vix flexuosis impressi, penultimus subinflatus, ultimus fere usque ad anfractum antepenultimum ascendens, penultimo minor, striis fere omnino destitutus, basi rotundatus; apertura subverticalis, rotundata, aurantio-fulvida; peristoma reflexum, subduplicatum, continuum, marginibus approximatis, aurantio-fulvidum; operculum?*

Long. 3 1/2 mill.; diam. maj. 1 3/4 mill.; apertura 1 1/4 mill. longa, 1 1/4 lata.

HAB. Baie du sud (Nouvelle-Calédonie) (E. Marie). (Collection Gassies.)

Coquille sénestre, munie d'une fente ombilicale à peine apparente, brièvement turriculée, légèrement renflée, assez mince, sans être fragile, et marquée de petites stries obliques. Coloration d'un fauve clair; spire conique, terminée par un sommet arrondi, légèrement obtus et lisse; suture fortement marquée; tours de spire au nombre de six, et assez convexes; deux premiers tours lisses et d'un ton violacé tournant au fauve; tours suivants sillonnés de stries obliques, assez espacées, fines et à peine flexueuses; avant-dernier tour légèrement renflé; dernier tour remontant presque jusqu'à l'antépénultième, plus petit que l'avant-dernier, presque entièrement dépourvu de stries, et arrondi à la base. Ouverture subverticale, arrondie et d'un fauve tournant à l'orangé; péristome réfléchi, presque double, continu, à bords rapprochés l'un de l'autre et d'un fauve orangé; opercule inconnu.

Observ. Cette espèce, qui se rattache à la section du *Diancta* de Martens, est voisine des *Diplommatina* de l'archipel Viti.

Recueillie par M. Perroquin, auquel elle est dédiée.

Genre XV. — HÉLICINE, *HELICINA* Lamarck.

N° 49. **Helicina Gassiesiana** Crosse.
Journal de Conchyliologie, t. XXII, p. III, janvier 1874,
et p. 184, pl. IV, fig. 6, août 1874.
(Pl. II, fig. 10.)

Testa subdepresso-conoidea, crassiuscula, parum nitens, subopaca (sublente vix malleata, transversim et inconspicue rare sulcata), sordide-albida, unicolor; spira sat breviter conica, apice obtusulo; sutura leviter impressa; anfractus 4 1/2, subplanati, ultimus ad peripheriam obtuse carinatus, basi convexiusculus; apertura diagonalis, subtriangulari-semiovalis, intus latea; peristoma simplex, lacteum, margine columellari sat brevi, callum circumscriptum lacteum emittente, et cum margine basali angulum formante, externe incrassato, versus medium subdilatato; operculum albidum, zona lata castaneo-fulva terminatum.

Diam. maj. 4 1/2, mill. min. 3 1/2; alt. 2 1/2 mill.; apertura vix 2 mill. longa, 1 1/2 lata. (Collect. Crosse.)

Hab. Maré, îles Loyalty (E. Marie).

Coquille de forme subconoïde, déprimée, assez épaisse, un peu terne, presque opaque, paraissant, vue à la loupe, faiblement martelée et munie de sillons transverses, rares et peu apparents; coloration d'un blanc sale uniforme; spire assez brièvement conique, terminée par un sommet assez obtus, suture légèrement marquée; tours de spire au nombre 4 1/2 et assez plans; dernier tour obtusément anguleux à la périphérie, et légèrement convexe à la base. Ouverture diagonale, de forme semi-ovale subtriangulaire et d'un blanc de lait, à l'intérieur; péristome simple et également d'un blanc de lait; bord columellaire assez court, donnant naissance à un dépôt calleux circonscrit, et d'un blanc de lait, formant un angle avec le bord basal; bord externe épaissi et légèrement dilaté vers sa partie médiane; opercule blanchâtre, terminé par une large zone d'un brun marron tournant au fauve.

Observ. Cette espèce se distingue de ses congénères de la Nouvelle-Calédonie par son test terne, par la coloration d'un blanc uniforme de son ouverture et de son péristome, et par son opercule de deux couleurs.

Dédiée à M. J. B. Gassies, auteur de deux volumes sur la faune malacologique terrestre et fluvio-lacustre de la Nouvelle-Calédonie et de divers autres travaux sur les mollusques de France et d'Algérie.

N° 50. H. Noumeensis Crosse.

Journal de Conchyliologie, t. XXII, p. 111, janvier 1874, et page 186, pl. IV, fig. 7, avril 1874.
(Pl. II, fig. 12.)

Testa turbinata, conica, tenuiscula, parum nitens, sublente transversim tenuissime striatula, lineis incrementi obsolete decussata, pallide violaceo-carnea; spira sat elevata, conica, apice obtusulo; sutura impressa; anfractus 4 1/2 planiusculi, ultimus spiram subæquans, ad peripheriam angulato-rotundatus; apertura diagonalis; subsemiovalis, intus concolor; peristoma simplex, carneo-albidum, margine columellari brevi, callum brevissime circumscriptum, lividum emittente et cum basali angulum formante, externo vix incrassato; operculum lividum.

Diam. maj. 2 3/4 mill. min 2 1/4; alt. vix 3 mil. (Collect. Crosse et Gassies.)

Hab. Les environs de Nouméa (Nouvelle-Calédonie). (E. Marie et R. P. Lambert.)

Coquille turbinée, conique, assez mince, peu luisante, paraissant, vue à la loupe, marquée de stries transverses très fines et faiblement décussée par les lignes d'accroissement. Coloration d'un ton carnéolé clair, tournant au violâtre et un peu livide; spire assez élevée, conique et terminée par un sommet légèrement obtus; suture marquée; tours de sipire au nombre de 4 1/2 et assez plans; dernier tour à peu près aussi grand que la spire, de forme anguleuse, arrondie à la périphérie; ouverture diagonale, presque semi-ovale et de même couleur, à l'intérieur, que le reste de la coquille; péristome simple et d'un ton carnéolé-blanchâtre; bord columellaire court, donnant naissance à un dépôt calleux livide, très brièvement circonscrit et formant un angle avec le bord basal; bord externe à peine épaissi; opercule de coloration livide.

Observ. Cette espèce se distingue de ses congénères de la Nouvelle-Calédonie par son faciès trochiforme, sa spire assez élevée, qui lui avait fait imposer le nom d'*Helicina trochiformis* Gassies. Elle a des analogies avec quelques hélicines de Cuba et des Antilles.

N° 51. **H. Sphæroidea** Pfeiffer.
Monograph. Pneumonopomorum, — 1er suppl., — p. 194, n° 81, 1858.

(Pl. 11, fig. 11.)

Testa subglobosa, solidula, sub lente minutissima striata, parum nitens, pallide virenti-straminea; spira rotundata, subacuminata; anfractus 4 1/2-5 convexiusculi, ultimus magnus, infra medium obsoletissime angulatus; columella albo-callosa, recedens, basi indistincte dentata, callum emittens diffusum; apertura diagonalis, late, semiovalis; peristoma simplex, brevissime expansum, margine basali cum columella angulum subacutum formante; operculum corneum, spirale, profunde intrante.

Diam. maj. 7 mill., min. 6; alt. 5 1/2 mill.

HAB. Lifou (îles Loyalty) (R. P. Lambert). (Coll. Gassies, Guestier, Musée de Bordeaux.)

Coquille subglobuleuse, assez solide, très finement striée, peu luisante, jaunâtre tirant sur le vert glauque; spire arrondie, peu aiguë, presque mamelonnée; tours, au nombre de 4 1/2 à 5, assez convexes, le dernier grand, formant à lui seul plus de la moitié de la longueur totale et un peu anguleusement caréné; columelle calleuse, blanche, droite et large, anguleuse; ouverture diagonale, large, presque ovale; péristome simple ou un peu calleux, à peine un peu réfléchi, joint à la columelle par un dépôt d'émail blanchâtre, luisant, bord inférieur élevé et presque disjoint; opercule corné, spiral, gris sale, profondément enfoncé dans l'ouverture.

Observ. Cette hélicine est voisine de l'*H. Lifouana*, mais elle n'est pas aussi régulièrement globuleuse, ceinte qu'elle est à sa périphérie par une carène peu élevée; son ouverture est plus anguleuse, sa taille moindre et sa coloration bien distincte.

HÉLICINES VIVANTES TROUVÉES A L'ÉTAT SUBFOSSILE

H. Lifouana. Iles Nou, Ouen, des Pins
Togatula. Id. Id.
Sphæroida. Id. Id.
Mediana. Id. Id.

Helicina littoralis Montrouzier.

Var. *Pygmæa* Gassies.

Nous avons reçu de M. Savès une boîte postale contenant quelques espèces recueillies dans les environs de Nouméa, parmi lesquelles nous avons remarqué une succédanée de *H. littoralis* extrêmement petite et qui, par exception, était vivante. Sur sept individus que nous avions posés sur de la laitue fortement imprégnée d'eau, trois sont sortis de la coquille et nous ont montré le mollusque dans toute son expansion.

C'est avec le *Bulimus porphyrostomus* les seuls hélicidés de la Nouvelle-Calédonie que nous avons pu observer vivants. Nous en donnons ici la description :

Animal assez lent, dessus du corps très noir, deux tentacules déliés, cou grisâtre, pied assez épais, s'allongeant peu, élevé, portant la coquille verticalement, inclinée légèrement vers la base du bord gauche, de coloration gris-bleuâtre; mufle proboscidiforme assez allongé.

Observ. Cette petite espèce appartient à l'*H. littoralis*, bien qu'à première vue elle en diffère beaucoup, mais, après examen, nous nous sommes convaincus, M. Souverbie et moi, qu'elle possédait tous ses caractères, et que la seule différence de taille qui paraissait la séparer n'était pas une preuve suffisante.

Nous sommes heureux de pouvoir donner ici la description de l'animal, tout en priant nos amis de persévérer dans ces sortes d'envois qui arrivent assez vite et pourraient nous permettre de bonnes comparaisons.

HAB. Les environs de Nouméa, Pointe d'Artillerie, sous les détritus de splantes, comme le type à l'île Art (M. Savès). (Ma collection.)

GENRE XVI. — TRONCATELLE, *TRUNCATELLA* Risso.

N° 52. **Truncatella subsulcata** Gassies.

Journal de Conchyliologie, t. XXVI, p. 338, octobre 1878.

(Pl. II, fig. 8.)

Testa imperforata, cylindraceo-attenuata, truncata, nitida, subdiaphana, corneo-rosea; longitudinaliter superne costata, sutura vix profunda; anfractus 4 1/2 convexi regulariter accrescentes, ultimus nitidus, ad suturam striatus; apice truncato; apertura verticalis, angulato-ovalis; peristoma continuum, reflexum, labrum dextrum expansum; operculum concentricum, corneum.

Diam. 2 mill.; alt. 5 mill.; apert. 1 1/4 mill. longa, 1 mill. lata.

HAB. Lifou (Loyalty) (R. P. Lambert). (Collect. Gassies.)

Coquille imperforée, cylindrique, atténuée au sommet qui est tronqué, luisante, presque diaphane, de couleur cornée-rosâtre, longitudinalement parcourue par des stries élevées, fortes et assez serrées; suture assez profonde; tours, au nombre de 4 1/2, convexes et croissant régulièrement, le dernier luisant, strié finement à la jonction des sutures; ouverture verticale, anguleuse-ovale; péristome continu, réfléchi, dilaté à l'extérieur au bord droit; opercule corné, concentrique.

Observ. Cette petite espèce est un peu, en raccourci, la miniature du *T. so mixostata* Montrouzier; mais elle en diffère par sa taille bien moindre, ses stries, beaucoup plus fortes et son péristome beaucoup plus réfléchi.

N° 52 bis. **T. Cerea** Gassies.

Journal de Conchyliologie, t. XXVI, p. 339, octobre 1878.

(Pl. II, fig. 9.)

Testa imperforata, cylindraceo-attenuata, truncata, corneo-cerea, luteo-spurca, longitudinaliter costulata, sutura vix profunda; anfractus 5, convexi, regulariter accrescentes, ultimus expansus; apice truncato; apertura verticalis, superne et inferne angulata; peristoma continuum ad umbilicum reflexum; operculum tenue, concentricum, corneum.

Diam. 1 1/2 mill.; alt. 5 mill.; apert. 1 1/4 mill. longa, 1 mill. lata.

HAB. Ile des Pins, îlot Koutoumo (R. P. Lambert). Collection Gassies.)

Coquille imperforée, cylindrique, tronquée, couleur de corne cireuse, à peine jaunâtre sale, costulée en long sans interruption; suture un peu profonde; tours, au nombre de cinq, convexes, s'accroissant régulièrement, le dernier réfléchi; sommet tronqué; ouverture verticale, anguleuse au sommet et à la base; péristome continu, réfléchi vers l'ombilic; opercule mince, corné, concentrique.

Observ. Cette espèce est ici la reproduction en petit du *T. conspicua* de Bronn, mais elle en diffère par sa taille moindre, sa coloration constamment pâle, jaune cireux, sa minceur et son aspect terne.

TRONCATELLE VIVANTE TROUVÉE A L'ÉTAT SUBFOSSILE
Tr. Conspicua. Ile Nou.

Genre XVII. — HYDROCÈNE *HYDROCENA* Parreyss.

N° 53. **Hydrocena rubra** Gassies.
Journal de Conchyliologie, t. XXII, p. 214, avril 1874.
(Pl. IV, fig. 8.)

Testa perforata, ovato-conica, turbinata, translucida, solida, subtilissime, transversim striatula, rubello-cornea; spira conico-pyramidata, acutiuscula; anfractus 6 convexi, subscalares, ultimus ventrosus, basicirca perforationem profundam, obtuse carinatus; sutura vix profunda; apertura rotunda; peristoma simplex, continuum, intus vix callosum, rectum, marginibus callo tenui junctis, columellari incrassato, brevissime reflexo; operculum corneum, tenue, nitidum.

Long. 7 mill., diam. 5 mill.; apertura 3 mill. longa, 3 lata.
Hab. Baie du Sud (Nouvelle-Calédonie) (R. P. Lambert). (Coll. Gassies.)

Coquille perforée, ovale-conique, turbinée, translucide, solide, finement striée en travers, de couleur rougeâtre cornée; spire conique, pyramidale, un peu aiguë; tours, au nombre de six, convexes, presque scalaires, le dernier un peu ventru; près de la perforation ombilicale se remarque une carène élevée, double, mousse, qui la circonscrit; suture un peu profonde; ouverture arrondie; péristome simple, continu, un peu calleux à l'intérieur, tranchant; callosité mince, réunie à la columelle qui est assez épaisse et à peine réfléchie; opercule corné, mince, couleur de corne luisante.

Observ. Cette espèce, la plus grande de ses congénères de la Nouvelle-Calédonie, se rapproche un peu, comme forme, de notre *H. Crosseana*, mais elle en diffère par sa taille plus grande, sa coloration interne, son péristome continu, un peu anguleux, et sa base plus large.

Le vocable appliqué à l'*Hydrocena turbinata (Faune conchyliologique*, Ap-

pendice, p. 195), ne peut être maintenu, puisque M. Morelet avait donné déjà ce nom à une espèce du même genre. On voudra bien le changer par celui d'*H. Turrita* Gassies.

HYDROCÈNES VIVANTES TROUVÉES A L'ÉTAT SUBFOSSILE

H. rubra. Ile Nou.
coturnix. Nouméa, île des Pins
turrita. Ile Nou et île Ouen.

Genre XVIII. — HÉMISTOMIE, *HEMISTOMIA* Crosse.
Journal de Conchyliologie, t. XX, p. 72, janvier 1872.

N° 54. Hemistomia Caledonica Crosse.
Journal de Conchyliologie, t. XX, p. 72, janvier 1872, et p. 352, pl. XVI, fig. 8.

(Pl. II, fig. 17.)

Testa subimperforata, elongata, paludiniformis, subtranslucida, tenuis, subtegmento luti plus minusve tenacis, nigricantis, olivaceo-cornea, unicolor; spira elongata, apice obtuso; sutura impressa; anfractus 5 1/2 convexiusculi, sensim accrescentes, ultimus spiram vix subæquans; apertura oblique lunaris, intus olivaceocornea; peristoma simplex, continuum, brevissime subsolutum, margine columellari valde obliqua, vix appresso, incrassato, albicante, basali et externo late rotundatis, attenuatis, obtuse subacutis; operculum?

Long. 2 1/2 mill.; diam. maj. 3/4 mill.

Hab. Environs de Nouméa (Nouvelle-Calédonie) (E. Marie). (Collections Crosse et Gassies.)

Coquille subimperforée, allongée, paludiniforme, subtranslucide, mince, d'une coloration uniforme d'un jaune corné olivâtre, mais recouverte habituellement d'un enduit de vase plus ou moins persistant et noirâtre; spire allongée, terminée par un sommet obtus; suture bien marquée; tours de spire, au nombre de 5 1/2, légèrement convexes et s'accroissant peu à peu; dernier tour à peine aussi grand que la spire; ouverture obliquement semi-lunaire et d'un jaune corné olivâtre à l'intérieur;

péristome simple, continu, très brièvement et à peine détaché; bord basal et bord externe largement arrondis, atténués, légèrement obtus et minces, sans être tranchants; opercule?

Observ. C'est encore à M. E. Marie, que nous devons la découverte et la communication de ce petit genre curieux. Nous attendons de lui de nouveaux renseignements sur l'opercule et sur le mode de station de l'espèce unique qu'il renferme.

Genre XIX. — PHYSE, *PHYSA* Drapanaud.

N° 55. **Physa Incisa** Gassies.
Journal de Conchyliologie, t. XXII, p. 378, octobre 1874.
(Pl. II, fig. 13.)

Testa sinistrorsa, vix subrimata, ovato-conica, globosa, solidula, nitidula, longitudinaliter flexuosa-striata, nigro-cornea; spira acuta, apice integro, nigro; anfractus 6 convexi, ultimus obliquus, globosus, longitudinis 2/3 superans; sutura impressa, integra, alba; apertura irregulariter ovato-oblonga, intus cinerascens, in vicinio peristomatis fusco aurantiaco marginata; peristoma simplex, acutum, marginibus callo crassiusculo junctis, columellari incrassato, expanso, valde contorto, pallide cinereo-albo; margaritaceo, nitido, basali vix expanso; externo acuto, flexuoso, superne ad insertionem inciso.

Long. 15 mill., diam. maj. 9 mill.; apert. 9 mill. longa, 4 1/2 lata.

Hab. Bourail (Nouv.-Caléd.) (R. P. Lambert). (Coll. Gassies.)

Coquille sénestre à ombilic presque toujours clos, ovale-conique, globuleuse, assez solide, luisante sur le dernier tour, striée flexueusement en long, de couleur de corne jaune olivâtre, couverte d'un encroûtement noir sur les tours supérieurs; spire aiguë; sommet entier, noir; tours, au nombre de six, convexes; le dernier oblique, globuleux, formant les 2/3 de la longueur totale; suture assez profonde, non lacérée, blanche; ouverture ovale-oblongue, irrégulière, grisâtre à l'intérieur, bordée, en arrière du bord latéral, par une ligne assez large d'un brun orangé; péristome simple, tranchant, réuni à la columelle par un fort dépôt d'émail; bord columellaire épais, assez étalé;

columelle épaisse, tordue, blanc grisâtre luisant, presque nacré; bord basal un peu réfléchi, épais, le latéral avançant subitement vers le centre, se rétrécissant tout à coup vers l'insertion supérieure en forme d'échancrure.

Observ. Cette espèce, reçue de Bourail par le R. P. Lambert, paraît très abondante. Elle se distingue nettement de ses congénères : 1° par son aspect solide et sa coloration particulière, gris jaunâtre et noir; 2° par la ligne orangée intra-marginale du péristome ; 3° surtout par son bord latéral flexueux, très-avancé, tranchant et fortement échancré.

Nous ne trouvons guère que le *Physa Guillaini* Crosse, qui possède une flexuosité du péristome; mais, au lieu de se projeter en avant, elle s'infléchit au centre. Nous croyons pouvoir affirmer que le *Physa incisa* est l'une des espèces les mieux caractérisées.

N° 56. **P. Doliolum** Gassies.

Journal de Conchyliologie, t. XXII, p. 379, octobre 1874.

(Pl. II, fig. 14.)

Testa sinistrorsa, vix rimata, ovato-triangulata, obliqua, globuso-ventrosa, vix solidula, nitidula, longitudinaliter rugato-striata, corneo-fusca, nitida; spira brevis, apice acuto, nigricante; sutura impressa; anfractus 5-5 1/2 vix convexi, ultimus magnus, obesus, in vicinio suturæ planatus, 2/3 longitudinis superans, basi attenuatus; apertura ovato-oblonga, intus corneo-rosea; peristoma simplex, acutum, marginibus callo tenui junctis, columellari vix incrassato, oblique contorto, albo-violaceo, basali expanso, externo acuto.

Long. 15 mill., diam. maj. 10 mill.; apertura 10 mill. longa, 5 lata.

Var. β. *Gibbosa, minor, in vicinio suturæ magis planata.*

Long. 12 1/2 mill.; diam. maj. 10; apert. 10 mill. longa, 5 lata.

Hab. Ouagap, Bourail et Bondé (Nouv.-Caléd.) (R. P. Lambert). (Collect. Gassies.)

Coquille sénestre à peine perforée, ovale triangulaire, oblique, globuleuse, ventrue, assez solide, luisante, rugueusement striée en long, corne roussâtre, luisante; spire courte; sommet aigu, noirâtre; suture assez profonde; tours, au nombre de 5 à 5 1/2, assez convexes, le dernier très grand, bossu, s'aplanissant vers la suture et formant plus des 2/3 de la longueur totale, atténué à la base ; ouverture ovale-oblongue, intérieurement de couleur cornée rosâtre; péristome simple, tranchant, réuni à la columelle par une mince callosité; columelle un peu épaisse, tordue, oblique, blanche avec une teinte noir violet près de l'ombilic; bord inférieur assez dilaté, le latéral aigu.

La var. β est plus courte, à spire plus ramassée, à tours supérieurs très bossus et plus aplatis au voisinage des sutures. C'est à la fig. 14 qu'il faut s'en référer.

Observ. Cette Physe paraît assez commune; elle nous a été envoyée d'Ouagap par le R. P. Lambert, que sa forme trapue avait frappé. Nous ne pouvons guère la rapprocher d'aucune de ses congénères de la Nouvelle-Calédonie, si ce n'est un peu de la *Physa obtusa* de M. Morelet; mais il sera toujours facile de l'en séparer en tenant compte: 1° de sa forme triangulaire; 2° de l'obésité du dernier tour, et 3° à son aspect plus solide. Dans l'âge extra adulte, il n'est pas rare de trouver des individus plus grands et avec le sommet tronqué.

N° 57. **P. Petiti** Crosse.

Journal de Conchyliologie, t. XX, p. 71, janvier 1872; *Glyptophysa* Petiti, Crosse, p. 151, août 1872, pl. VII, fig. 4.

(Pl. II, fig. 15.)

Testa sinistrorsa, subimperforata, subovata, sat tenuis, haud nitida, carinata, transversim valide costata, interstitiis costarum longitudinaliter et tenuissime striatulis, corneo-fusca, unicolor; spira parum elevata, gradata, apice obtuso; sutura sat impressa; anfractus 3-3 1/2 carinati, gradati, supra carinam plano-concaviusculi, sublæves, penultimus transversim quadricostatus, ultimus spiram superans, transversim novemcostatus, basi sublævis; apertura irregulariter oblongo-ovata, concolor; peristoma simplex, marginibus distantibus, callo tenuissimo, vix conspicuo, in adultis speciminibus junctis, columellari vix incrassato, basali rotundato, externo supra medium subinflexo, arcuato, acuto.

Long. 6 mill.; diam. maj. 3 2/3 mill.

Hab. Le lac de la grande vallée des Kaoris, sud de la Nouvelle-Calédonie. (Collect. Crosse, Marie, Gassies, Guestier, Musée de Bordeaux.)

Coquille sénestre, presque imperforée, de forme ovale un peu tronquée, assez mince, translucide, peu luisante pour le genre, fortement carénée du côté de la spire, munie de côtes transverses saillantes, bien accusées et dont les interstices présentent des stries longitudinales excessivement fines. Coloration d'un rouge brun corné uniforme; spire peu élevée, étagée et se terminant par un sillon obtus; suture assez marquée; tours de spire, au nombre de 3 à 3 1/2, carénés, disposés en gradins, et planoconcaves dans la partie qui sépare la suture de la carène, espace qui est à peu près lisse, mais souvent traversé par une côte spirale unique; avant-dernier tour muni de quatre côtes transversales; dernier tour plus grand que la spire, muni de neuf côtes et redevenant à peu près lisse à la base; ouverture irrégulièrement ovale-oblongue et de même couleur que le reste de la coquille; péristome simple, à bords éloignés l'un de l'autre, mais réunis, chez les individus adultes, par un dépôt calleux très mince et à peine visible; bord columellaire faiblement épaissi; bord basal arrondi; bord externe subinfléchi au-dessus de sa partie médiane, arqué et tranchant.

Observ. Cette curieuse espèce a été découverte par M. Petit, surveillant militaire, à qui elle a été dédiée.

Le nombre des côtes transverses paraît sujet à d'assez grandes variations. Il est de neuf sur l'exemplaire figuré et sur un autre que nous avons sous les yeux, mais il varie entre six et dix sur d'autres individus. Les côtes sont aussi généralement plus espacées à la partie supérieure du dernier tour qu'à la partie basale.

Il n'y a pas lieu, pensons-nous, de conserver le genre *Glyptophysa*, établi par M. Crosse, pour les costulations du test. Nous possédons des individus parfaitement lisses qui ressemblent alors à une bulle et à un *Physa fontinalis* jeune.

N° 58. P. Perlucida Gassies.
(Pl. IV, fig. 9.)

Testa sinistrorsa, imperforata, ovata-globosa, longitudinaliter striata, tenuis, pellucida, translucida, nitida, fragillima, brunneo-rufula, nitens; spira brevis; apice vix truncato, nigricante; sutura mediocris, impressa; anfractus 5, convexi, ultimus magnus, obesus, 8 spiram multo superam, basi attenuatus; apertura elongato-ovata, superne angulata, inferne rotundata, intus brunneo-rufula, nitida; peristoma simplex, acutum, margine columellari incrassato, brunneo-nitido; columella oblique contorta, patula, albo rosea.

Long. 25 mill.; diam. maj. 17 mill.; apert. 19-20 mill. longa, 8-9 lata.

Hab. Ile des Pins (Nouvelle-Calédonie) (R. P. Lambert). (Coll. Gassies.) 6 spec. vidi.

Coquille sénestre, imperforée, globuleuse, ovalaire, striée en long, pellucide, extrêmement fragile, transparente, brillante, brun rouge; spire courte, sommet souvent tronqué, noirâtre; suture médiocrement profonde; tours, au nombre de cinq, convexes; le dernier très grand, formant huit fois la longueur des premiers qui sont très courts et acuminés, la base du dernier est atténuée; ouverture ovale un peu allongée, supérieurement anguleuse, inférieurement arrondie; intérieur brun-rougeâtre, transparent luisant; péristome simple, tranchant, plus épais vers la base columellaire; columelle oblique, tordue, courte et assez calleuse, rose pâle.

Observ. Cette magnifique espèce a été trouvée dans la vase noire d'un ruisseau, sur le plateau de l'île des Pins, par le R. P. Lambert. Elle est tellement fragile que sur les six individus qui nous ont été envoyés nous n'en avons qu'un réellement intact et possédant tous ses caractères. Le R. P. Lambert se propose de suivre le cours du ruisseau et d'en recueillir le plus possible. C'est la Physe la plus grande de la Nouvelle-Calédonie, en même temps qu'elle en est la plus belle et la plus remarquable. Elle n'a aucune affinité avec ses congénères de l'archipel.

Genre XX. — PLANORBE, *PLANORBIS*.

N° 59. **Planorbis Rossiteri** Crosse.
Journal de Conchyliologie, t. XIX, p. 204, janvier 1871.
(Pl. I, fig. 25.)

Testa utrinque late sed parum profunde umbilicata, lenticularis, valde planata, sublævigata, tenuis, translucida, luteo-cornea; spira medio concaviuscula; sutura impressa; anfractus 3 1/2 planati, ultimus magnus, ad peripheriam acute carinatus; apertura horizoncalis, acute elliptico-ovata, intus albida; peristoma simplex, acutum, margine externa versus insertionem protacto.

Diam. maj. 5 1/2 mill., min. 4 1/2, alt. 1 1/3 mill.
Hab. Maré (îles Loyalty) (R. Rossiter).

Coquille petite, ombiliquée des deux côtés, mais peu profondément, lenticulaire, fortement aplatie, luisante, mince, translucide, d'apparence cornée jaunâtre; spire concave au centre;

suture assez imprimée; tours, au nombre de 3 1/2, planes, le dernier grand et caréné sur toute la périphérie; ouverture horizontale, aiguë, elliptique-ovale, blanche intérieurement; péristome simple, tranchant, bord marginal renversé à l'insertion columellaire.

GENRE XXI. — ANCYLE, *ANCYLUS* GEOFFROY.

N° 60. **Ancylus Noumeensis** Crosse.
Journal de Conchyliologie, t. XIX, p. 203, juillet 1871, et t. XX, p. 356, pl. XYI, fig 5, octobre 1872.
(Pl. II, fig. 19.)

Testa elongato-ovata, concentrice obscure vix striatula, antice mediocriter convexa, postice concaviuscula, sordide cornea; apice postice et paululum dextrorsum situs; apertura elongato-ovata, intus nitidula, livide griseo-cornea.

Long. 3 1/2 mill., latit. 2 mill.; alt. 1 mill.
HAB. Environs de Nouméa (E. Marie). (Collect. Gassies.)

Coquille de forme ovale-allongée, sillonnée de petites stries concentriques à peine visibles, médiocrement convexe en avant, légèrement concave en arrière, mince et d'un jaune corné sale; sommet situé en arrière et un peu à droite; ouverture de forme ovale-allongée, assez luisante à l'intérieur, et d'un gris corné livide.

Observ. Cette espèce forme la deuxième du genre Ancyle, pour la Nouvelle-Calédonie. Nous possédions déjà l'*A. reticulatus*, trouvé sur le test d'une néritine envoyée de l'île Art, par le R. P. Montrouzier, et que nous n'avons plus reçue depuis. L'aspect de l'*A. Noumeensis* n'est nullement le même que celui du *reticulatus* qui possède des stries costulées, rayonnantes et un sommet presque médian, alors que le premier est mince à stries concentriques et son sommet incliné à droite.

GENRE XXII. — HYDROBIE, *HYDROBIA* HARTMANN.

N° 61. **Hydrobia Crosseana** Gassies.
Journal de Conchyliologie, t. XXII, p. 215, avril 1874.
(Pl. II, fig. 20.)

Testa imperforata, ovato-oblonga, translucida, lævigata, nitida, sub epidermide corneo-viridula; spira sat elevata, apice obtuso, planiusculo; sutura impressa; anfractus 5 *convexi, subinflati; ultimus spiram subæquans, descendens; apertura subverticalis, oblique angulato-ovata, intus lactescens; peristoma continuum, distincte solutum, crassiusculum, albidum, operculum?*

Long. 4 mill.; diam. maj. 2 mill.

Hab. Bondé (Nord-Ouest de la Nouvelle-Calédonie) (R. P. Lambert). (Coll. Gassies.)

Coquille imperforée, ovale-oblongue, translucide, lisse, luisante, couleur de corne verdâtre; spire assez élevée; sommet obtus presque plan; suture profonde; tours, au nombre de cinq, convexes, renflés, le dernier prenant la moitié de la longueur totale et descendant obliquement à droite; ouverture presque verticale, oblique, anguleuse au sommet, très arrondie à la base; l'intérieur est d'un blanc un peu épais, lactescent; péristome continu, détaché du dernier tour, un peu épaissi, blanchâtre; opercule inconnu.

Observ. Cette coquille trouvée isolément parmi des Mélanies et des Néritines de Bondé, envoyées par le R. P. Lambert, et reçues en mai 1873, se trouve, comme l'*Ancylus reticulatus*, réduite à un seul exemplaire. Ainsi les genres *Ancylus* et *Hydrobia*, nouveaux pour la Nouvelle-Calédonie, nous sont arrivés dans des conditions identiques.

M. Crosse vient de décrire sous le nom d'*Hydrobia Gentilsiana* une autre espèce provenant d'Oubatche, près de Pouébo; confrontée avec la nôtre, elle paraît bien différente; elle est plus petite et proportionnellement beaucoup plus épaisse.

N° 62. **H. Gentilsiana** Crosse.

Journal de Conchyliologie, t. XXII, p. 112, janvier 1874, et p. 395, pl. XII, fig. 9, octobre 1874.

(Pl. II, fig. 21.)

Testa imperforata, ovato-oblonga, tenuiscula, translucida, sublævis, sub epidermide pallide olivaceo-cornea, tenaci, sordide albida; spira sat elevata, apice obtusulo; sutura impressa; anfractus 4 1/2 *convexi, subinflati, ultimus spiram subæquans, descendens, antice leviter solutus, basi rotundatus; apertura subverticalis, oblique angulato-ovato, intus albida; peristoma continuum, subsolutum, crassiusculum, sordide albidum; operculum castaneum.*

Long. 3 mill.; diam. maj. 1 1/2 mill. (Coll. Crosse.)

Hab. Oubatche, près de Pouébo, dans un cours d'eau, à 300 mètres d'altitude. 3 individus ont été recueillis par M. Gentils, à qui l'espèce est dédiée.

Coquille imperforée, de forme ovale-oblongue, assez mince, translucide et à peu près lisse. Fond de coloration d'un blanc salé, sous un épiderme d'un jaune corné olivâtre et très persistant; spire assez élevée, terminée par un sommet légèrement obtus; suture bien marquée; tours de spire, au nombre de 4 1/2, convexes et légèrement renflés; dernier tour à peu près aussi grand que la spire, descendant, détaché en avant et arrondi à la base; ouverture subverticale, de forme ovale écrasée, légèrement anguleuse et de coloration blanchâtre à l'intérieur; péristome continu, presque complètement libre, assez épais et d'un blanc calo; opercule d'un brun marron, assez profondément enfoncé dans la coquille.

Observ. Nous avons dit précédemment quelles étaient les différences qui empêchent de réunir les deux espèces *H. Crosseana* et *Gentilsiana*.

Genre XXIII. — MÉLANOPSIDE, *MELANOPSIS* Férussac.

N° 63. **Melanopsis Lamberti** Souverbie.
Journal de Conchyliologie, t. XX, p. 148, avril 1872, et t. XXI, p. 64, pl. IV, fig. 8.
(Pl. III, fig. 2.)

Testa turgido-ovata, apice subture-acuto, longitudinaliter substriatula, nitida, sub epidermide olivaceo-nigricante et transversim cæruleo-subcinerea interrupte multistrigata, subcæruleo-alba; spira brevissima, ab ultimo anfractu fere omnino involuta; sutura non lacera; anfractus 3 vix, distinguendi, ultimus ventrosus, infra suturam subdepressus, fere ex apice testæ plus minusve abrupte descendens; apertura ampla, ovato-piriformis, intus subcærulescens; margine dextro acuto, subolivaceo-nigricante; columellari albo, inferne oblique truncato, superne prope insertionem labri tuberculo valido, cæruleo perincrassato, basali columellam valde superante; operculum normale, nigricans.

Long. 8 1/4 mill.; diam. maj. 5 mill.; apert. 7 mill. longa, 3 lata.
Hab. Baie du Sud (Nouv.-Caléd.). (Collect. Musée de Bordeaux, Gassies). (R. P. Lambert.)

Coquille ovale-renflée, à sommet subobtusément aigu, très finement striée longitudinalement, luisante, d'un blanc légèrement bleuâtre sous un épiderme noirâtre-olivacé, avec de très nombreuses strigations transversales d'un bleuâtre cendré; ces strigations, de peu d'étendue en longueur, ne se faisant pas suite les unes aux autres, mais, au contraire, disposées par groupes, la plupart indépendants les uns des autres, et par suite de cette disposition, constituant un dessin chiné qui donne à la coquille un aspect fort élégant et tout à fait caractéristique; spire très courte, presque complètement enveloppée par le dernier tour; suture simple, non lacérée; tours, au nombre de trois, à peine distincts, le dernier ventru, subdéprimé en dessous de la suture et descendant, plus ou moins abruptement, presque du sommet à la spire; ouverture ample, ovale-pyriforme, bleuâtre à l'intérieur par suite de la transparence du test auquel l'épiderme donne cette couleur; bord droit tranchant, noirâtre-olivacé, le columellaire blanchâtre, obliquement tronqué inférieurement, épaissi dans le haut, près de l'insertion du labre, en un très fort tubercule bleuâtre; le basal dépassant l'extrémité de la columelle; opercule normal, noirâtre.

Observ. Cette espèce est très-voisine du *M. Mariei* Crosse (1), de la même localité, mais elle s'en distingue par sa forme plus raccourcie et plus globuleuse, ainsi que par les dessins dont elle est ornée.

N° 64. **M. Fasciata** Gassies.
Journal de Conchyliologie, t. XXII, p. 381, octobre 1874.
(Pl. III, fig. 3.)

Testa ovato-conica; truncata, longitudinaliter flexuosa striata, nitidula, olivaceo-lutescens, trifasciata, fasciis olivaceo-vinosis, intus violaceis; anfractus 3-3 1/2 subconvexi, ultimus subcamnatus, 2/3 longitudinis superans; apice truncato, carioso; sutura

---

(1) *Journal de Conchyliologie*, t. XVII, p. 69 et 280, pl. VIII, fig. 3.
Le R. P. Lambert nous assure qu'il n'a point trouvé de *Melanopsis*, à l'île des Pins, pourtant si voisine de la grande terre, non plus que des *Neritina*.

vix canaliculata, irregulariter lacerata; apertura obliqüe elongata, ampla, flexuosa, superne angulata, ad basin sub dilatata, canaliculata; columella arcuata, patula, alba, tuberculo crasso, luteo, nitido, munita; peristoma simplex, acutum, margine dextro flexuoso, cum altero callo tubesculoso juncto; operculum corneum, typicum.

Long. 12 mill.; diam. 6; apert. 7 mill. longa, 3 lata.

HAB. Nékété (Nouvelle-Calédonie) (R. P. Lambert). (Collect. Gassies.)

Var. β. major, 15-18 mill.

HAB. Ouagap (R. P. Lambert.)

Coquille ovale-conique, tronquée, luisante, parcourue en long par les stries flexueuses, couleur jaune ornée de trois fascies transversales, brun-olivâtre vineux sur le dernier tour, se continuant sur les tours supérieurs; ces fascies se détachent nettement sur le fond blanc de l'ouverture à l'intérieur, la troisième supérieure est presque une fois plus large que les inférieures et arrive jusqu'à la suture; la spire est composée de 3 à 3 tours 1/2, un peu convexes, le dernier, subcaréné, forme les 2/3 1/2 de la longueur totale; sommet tronqué et carié; suture un peu canaliculée et souvent lacérée; ouverture obliquement allongée, ample, flexueuse, anguleuse supérieurement, médiocrement dilatée à la base et canaliculée; columelle arquée, épaisse et blanche; tubercule épais, jaune luisant; péristome simple, aigu; bord droit flexueux réuni à la columelle par l'épaisseur du tubercule; opercule corné, typique.

Observ. Cette espèce appartient au groupe du *Melanopsis variegata* Morelet; elle en diffère : 1° par sa forme plus oblongue et allongée; 2° par son test très lisse et luisant; 3° par sa callosité plus forte et d'un jaune vif; enfin 4° par sa coloration et les trois fascies qui la parent.

N° 65. **M. Fragilis** Gassies.

Journal de Conchyliologie, t. XXII, p. 382, 1874.

(Pl. III, fig. 4.)

Testa mediocris, ovato-elongata, fusiformis, truncata, nitida, pellucida, longitudinaliter flexuose striata; spira acuminata; anfractus 2/3 irregulariter abbreviati; ultimus 3/4 longitudinis æquans; sutura appressa, vix lacerata, apice truncato; corneo-

lutea, obscure fusca, lineolis cinereis ornata; apertura elongata, superne angulosa, medio dilatata, ad basin descendens; peristoma simplex, vix flexuosum, intus obcure olivaceum; columella curva, vix callosa, truncata, albo-rosea; callo minimo, albo-roseo, margaritaceo; operculum corneum, papyraceum, nigriscens, nucleo submarginali.

Long. 8-10 mill.; diam. 4-5 mill.; apert. 5-6 mill. longa, 2 1/2 lata.

Hab. Ouagap (Nouv.-Caléd.) (R. P. Lambert.) (Collect. Gassies.)

Coquille de taille médiocre, ovale-allongée, fusiforme, tronquée, luisante, pellucide, ornée de stries longitudinales flexueuses; tours de spire, au nombre de deux à trois, acuminés irrégulièrement, le dernier formant à lui seul les 3/4 de la longueur totale; suture comprimée, un peu lacérée; sommet tronqué, couleur de corne jaunâtre sous un épiderme obscurément bronzé, le dessus est parsemé de linéoles longitudinales tremblées d'un gris de cendre bleuâtre; ouverture allongée, supérieurement anguleuse, dilatée au milieu, descendante à la base; péristome simple, flexueux, non tranchant, bordé d'un épithélium noir, intérieur vert obscur; columelle courbe, un peu calleuse, tronquée en gouttière, blanc rosâtre; callosité peu épaisse, blanc rosâtre nacré; opercule corné, papyracé, nucléus submarginal noirâtre.

Observ. Cette petite Mélanopside a des caractères très tranchés qui la feront distinguer facilement de ses congénères : 1° par sa forme allongée, lisse et acuminée; 2° par sa fragilité extrême et son test presque papyracé; 3° sa suture appliquée et lacérée.

N° 66. **M. Aurantiaca** Gassies.
Journal de Conchyliologie, t. XXII, p. 383, octobre 1874.
(Pl. III, fig. 5.)

Testa oblonga, pyramidata, medio sinuosa, subcarinata, truncata, striis longitudinalibus flexuosis, elevatis et striis spiralibus decussantibus notata; spira elongata, acuminata; anfractus 3-4 mediocriter convexi, ultimus 2/3 longitudinis æquans; fusco-lutescens, nitida; sutura complanata, sæpe lacerata; apertura ovato-elongata, piriformis, superne valde angulosa vel flexuosa, ad basin dilatata; peristoma simplex, acutum; columella crassa, alba, torta truncata, canaliculata; canalis latus; callus crassus, aurantiacus, nitidus; operculum piriforme, nigrescens, nucleo-submarginali.

Long. 15-21 mill.; diam. 8-10; apert. 8-13 mill. longa, 3, 4 1/2 lata.

HAB. Bourail et Nékété (Nouvelle-Calédonie) (R. P. Lambert). (Collect. Gassies.)

Coquille oblongue, pyramidale, sinuée à la périphérie qui est carénée obtusément, à sommet brusquement tronqué, parcourue de stries longitudinales flexueuses, assez élevées, et de stries transversales plus fines formant réseau; spire allongée, aiguë; tours, au nombre de trois à quatre, à peine convexes, le dernier formant à lui seul les 2/3 de la longueur totale; couleur d'un ton olive jaunâtre obscur, luisant; suture aplatie, quelquefois lacérée; ouverture ovale-allongée, piriforme, supérieurement anguleuse, flexueuse, se dilatant vers la base qui se rétrécit subitement; péristome simple, tranchant; columelle épaisse, tordue, tronquée, blanche, canaliculée, canal large; callosité très épaisse, d'un jaune orange vif et brillant; la carène part souvent des tours supérieurs et vient s'unir à la callosité; opercule piriforme, noirâtre; nucléus submarginal.

Observ. Cette espèce a quelques rapports avec le *M. Marrocana* Chemnitz, d'Algérie, surtout avec quelques variétés du sud; cependant il sera toujours facile de les différencier entre elles par la remarquable callosité de la nôtre dont l'épaisseur est extrême et la coloration très vive.

N° 67. **M. elongata** Gassies.

Journal de Conchyliologie, t. XXII, p. 384, octobre 1874.

(Pl. III, fig. 6.)

Testa ovato-elongata, fusiformis; apice truncato, striis longitudinalibus irregulariter elevatis; spira elongata, acuminata, in adultis subcarinata; anfractus 5 mediocriter convexi, ultimus 2/3 longitudinis æquans; luteo-olivacea, nitida, flammulis transversim pallide luteis sparsim ornata; sutura complanata; apertura elongata, stricta, superne angulosa vela flexuosa, ad absin stricta; peristoma simplex, acutum; columella arcuata, crassa, albo-rosea, nitida, truncata, canaliculata; canalis latus; callus crassus, luteoroseus, nitidus; operculum typicum.

Long. 15-20 mill., diam. 8-9; apert. 10-13 mill. longa, 3-4 lata.
HAB. Bourail (Nouv.-Caléd.) (R. P. Lambert). (Coll. Gassies.)

Coquille ovale-allongée, fusiforme, à sommet tronqué, striée fortement et irrégulièrement en long; spire allongée, aiguë, presque carénée sur le haut du dernier tour dans l'état adulte; tours, au nombre de sept; se réduisant à cinq par la troncature, peu convexes, le dernier formant, à lui seul, les 2/3 de la longueur totale; couleur d'un jaune olivacé luisant, tachée de flammules plus pâles, irrégulières et transverses; suture aplatie; ouverture allongée, étroite, anguleuse supérieurement et flexueuse, rétrécie vers le bas; péristome simple, tranchant; columelle arquée, épaisse, blanc rosé brillant, tronquée à la base et canaliculée; canal large; callosité épaisse, d'un jaune rosé brillant; opercule typique.

Observ. Cette espèce ne peut être rapprochée que de notre *M. Aurantiaca*; mais il sera facile de la distinguer : 1° à sa forme plus allongée et cylindrique; 2° à son ouverture bien plus étroite et sa calosité jaune rosé; et enfin 3° à ses flammules transverses.

Rectification :

Melanopsis acutissima Gassies, pl. VI, fig. 13, *Faune conchyliologique terrestre et fluvio-lacustre de la Nouvelle-Calédonie*, 2° partie, 1871. Cette figure ne donne qu'une idée incomplète de cette espèce; son grossissement extrême la dénature beaucoup; il faut s'en rapporter à la description de l'*Appendice*, pages 197-198. La coloration et l'absence de fascie périphérique lui donnent un aspect peu gracieux.

N° 68. **M. Brotiana** Gassies.
Journal de Conchyliologie, t. XXII, p. 106, octobre 1874.
(Pl. III, fig. 7.)

Testa minima, fusiformis, acuta, apice in adultis truncato, striis longitudinalibus flexuosis, subtus lirata; spira acuminata; anfractus 5 truncati, 6-7 integri, mediocriter convexi, ultimus 2/3 longitudinis æquans; brunneo-rufescens, nitida, punctis luteis irregulariter ornata; sutura elevata, canaliculata, crenata; apertura elongato-stricta, superne angulosa, vix flexuosa, ad basin stricta, peristoma simplex, acutum, flexuosum; columella arcuata, vix crassa, truncata, albo-cinerea, nitida; canalis mediocris; callus crassus, albus, nitidus; operculum elongatum, nigrum, nucleo submarginali.

Long. 10 mill.; diam. 4 1/2; apert. 4 mill. longa, 1 1/4 lata.

Hab. Conception, près de Nouméa (Nouv.-Caléd.). (Coll. Gassies.)

Coquille petite, fusiforme, aiguë; sommet tronqué à l'état adulte, munie de stries longitudinales, flexueuses sur le dernier tour, finement rapprochées sur les tours supérieurs; tours, au nombre de six à sept, lorsqu'ils ne sont point tronqués, réduits ordinairement à cinq après la troncature, peu convexes, le dernier formant, à lui seul, les 2/3 de la longueur totale; couleur bronze-vert brunâtre et noirâtre luisant, parsemée de petites ponctuations jaunâtres, disposées assez irrégulièrement dans le sens longitudinal; suture élevée en canal, ciselée en travers sur sa carène; ouverture allongée, étroite, anguleuse supérieurement, un peu flexueuse, rétrécie à la base; péristome mince, tranchant, flexueux; columelle arquée, assez épaisse; callosité épaisse, blanc luisant; opercule allongé, noir, à nucléus presque marginal.

Observ. Cette petite espèce est parfaitement distincte de ses congénères : 1º par sa forme aiguë; 2º l'étroitesse de son ouverture; 3º la ponctuation de son test, et 4º l'élévation de sa suture. Elle vit d'une manière permanente dans l'eau salée. Elle a été recueillie sur les algues marines dans les flaques d'eau d'un marais couvert de Palétuviers, régulièrement baignés par les hautes marées, où elle ne pourrait recevoir un bain passager d'eau douce que pendant les rares grandes pluies (1).

Nous la dédions à M. le Docteur Brot, de Genève, le savant monographe des Mélaniens, comme faible marque de sympathique confraternité.

Genre XXIV. — MÉLANIE, *MELANIA* Lamarck.

Nº 69. **Melania Rossiteri** Gassies.

(Pl. III, fig. 13.)

Testa imperforata, elongato-subulata, turrita, acuminata, corneo-testudinea, luteo-rufa lævigata nitida, flammulis longitudinaliter rufis, vix regulariter ornata, longitudinaliter striatula, prope area umbilicum vix sulcata; sutura profunda, canaliculata; anfractus 9-11 convexi, regulariter accrescentes, ultimus quantam

---

(1) D'autres *Melanopsis* vivent dans des conditions analogues, dans des flaques saumâtres. Nous citerons surtout le *M. frustulum* Morelet. Le *M. fusiformis*, nº 211, p. 153, devra prendre le nom de *M. Rossiteri* Sowerby, ayant la priorité, *Gen.* f. 2.

partem longitudinis paulo superans; apertura ovato-rotundata, superne vix angulata, inferne dilatata, columella crassa, convexa, expansa pallide cornea, nitida; peristoma simplex, acutum, continuum, intus luteo-rufescens, translucidum; operculum corneum, rufescens, piriforme, nitidum, nucleo submarginali.

Long. 22-25 mill.; diam. maj. 7; apert. 6 mill. longa, 4 mill. lata.

Hab. Ouvéa (Loyalty), Baie du Sud (Nouvelle-Calédonie) (R. P. Lambert). (Coll. Gassies, Musée de Bordeaux.)

Coquille imperforée, turriculée et fortement acuminée, de couleur cornée jaunâtre, luisante, ornée dans le sens longitudinal de flammules brun-rouge d'écaille, un peu tremblées et presque régulières, se détachant nettement sur le fond, striée flexueusement en long; sur le dernier tour et entourant l'ombilic, se voient quelques sillons circulaires presque invisibles à l'œil nu; suture profonde relevée en canal; tours, variant de neuf à onze, convexes, s'accroissant régulièrement, le dernier très grand, relativement aux supérieurs, formant le quart de la longueur totale; ouverture ovale-arrondie, un peu anguleuse au sommet, dilatée à la base; columelle épaisse, renversée, jaune blanchâtre, luisant; péristome simple, tranchant, joint à la columelle par un mince dépôt d'émail; intérieur corne pâle sur lequel se détachent, par transparence, les flammules rougeâtres du dessus; opercule corné, rougeâtre, piriforme, luisant, à nucléus presque marginal.

Observ. Cette espèce a de nombreux rapports avec le *M. Mariei* Gassies, mais elle en diffère par une plus grande transparence, ses fascies plus régulièrement distribuées, l'absence presque complète de sillons circulaires qui ne se manifestent que sur le dernier tour et d'une façon presque nulle, alors que le *M. Mariei* a tous ses tours cerclés de ces sillons; le *M. Marie* est et paraît plus solide.

Genre XXV. — HÉTÉROCYCLE, *HETEROCYCLUS.*

N° 70. **Heterocyclus Perroquini** Crosse.

Journal de Conchyliologie, t. XX, p. 156, avril 1872, et p. 355, pl. XVI, fig. 6 et 6a, octobre 1872.

(Pl. III, fig. 8.)

Testa perforata, breviter scalariformi-turrita, sublævis, haud nitens, tenuiscula subtranslucida, sordide luteo-albida; spira turbinato-turrita, apice obtusulo; sutura impressa; anfractus 4 convexi, sensim accrescentes, ultimus valde descendens, solutus, liber; apertura subirregulariter circularis, intus concolor; peristoma simplex, marginibus leviter incrassatis; operculum subcirculare, arctispirum, tenue, cartilagineo-corneum, albido-luteum; anfractus 4 sensim accressentes, margine externo prominulo, libero.

Long. 4 1/2 mill.; diam. maj. 2 1/4 mill.; apert. 1 1/4 mill. longa, 1 lata.

Hab. Baie du Sud (Nouv.-Caléd.) (Perroquin). (Collect. Crosse, Gassies, Musée de Bordeaux.)

Coquille munie d'une perforation ombilicale, brièvement turriculée, scalariforme, à peu près lisse, un peu terne, assez mince, subtranslucide et d'un jaune blanchâtre sale, spire de forme turbinée un peu turriculée, terminée par un sommet légèrement obtus; suture bien marquée; tours de spire, au nombre de quatre, convexes et s'accroissant peu à peu; dernier tour fortement descendant, détaché et se prolongeant librement; ouverture irrégulièrement circulaire, plutôt ovale qu'arrondie et de même coloration que le reste de la coquille; péristome simple, à bords légèrement épaissis; opercule subcirculaire, arctispiré, mince, de contexture cornéo-cartilagineuse et d'un jaune blanchâtre; en dehors du nucléus central, il compte quatre tours s'accroissant peu à peu. Le bord externe des tours est légèrement saillant, libre, et il ne s'atténue que vers la fin du dernier tour, qui devient tout à fait aplati.

Observ. Cette curieuse espèce, qui ajoute un caractère d'originalité de plus à la faune malacologique de la Nouvelle-Calédonie, a été découverte par M. Perroquin, sous-officier d'artillerie de marine, à qui elle a été dédiée, en juste récompense de ses recherches conchyliologiques, qui nous ont valu la connaissance de plusieurs espèces calédoniennes inédites et fort intéressantes.

Genre XXVI. — VALVÉE, *VALVATA* Muller.

N° 71. **Valvata (?) Petiti** Crosse.

Journal de Conchyliologie, t. XX, p. 157, avril 1872, et p. 353, pl. XVI, fig. 7, octobre 1872.

(Pl. III, fig. 9.)

Testa perforata, turbinato-globosa, tenuis, translucida, sublævi-

gata, parum nitens, corneo-albida; spira mediocriter elevata, apice rotundato; sutura impressa; anfractus 3 1/2 convexi, sensim accrescentes, ultimus spiram subæquans, ad peripheriam vix obtuse angulatus; apertura circularis, concolor; peristoma circulare, simplex, undique reflexiusculum, corneo-albidum, margine columellari perforationi partem obtegente; operculum?

Diam. maj. 1 3/4 mill.; alt. 2 1/4 mill.; apert. vix 1 mill. longa, vix 1 lata.

Hab. Lac de la grande vallée des Kaoris, sud de la Nouvelle-Calédonie (Petit). (Coll. Crosse, Marie, Gassies.)

Coquille perforée, de forme globuleuse turbinée, mince, translucide, à peu près lisse, un peu terne et d'une coloration cornée blanchâtre; spire médiocrement élevée, terminée par un sommet arrondi; suture bien marquée; tours de spire, au nombre de 3 1/2, convexes et s'accroissant lentement; dernier tour à peu près aussi grand que la spire, obtusément et très faiblement anguleux à la périphérie; ouverture circulaire et de même couleur que le reste de la coquille; péristome circulaire, simple, légèrement réfléchi de tous côtés et d'une coloration cornée blanchâtre; bord columellaire cachant en partie la perforation ombilicale; opercule inconnu.

Observ. Cette espèce vit dans les eaux du lac précité, en compagnie du *Physa Petiti*. Elle a été recueillie par M. Petit, à qui elle a été dédiée. Ne connaissant pas l'opercule, nous sommes obligé de ne classer l'espèce dans le genre *Valvata* qu'avec doute et sous toutes réserves. Extérieurement, la coquille ressemble beaucoup à un *Leptopoma* microscopique, mais comme elle est fluviatile, elle ne peut faire partie de ce genre qui est exclusivement terrestre. Le péristome est plus épais que ne l'est ordinairement celui des *Valvata*.

Genre XXVII. — NÉRITINE, *NERITINA* Lamarck.

N° 72. **Neritina Expansa** Gassies.

Journal de Conchyliologie, t. XXIII, p. 23, juillet 1875.

(Pl. IV, fig. 3.)

Testa depresso-ovata, carinata, superne convexa, latissima, confertim striatula, transversim plicatula, nigro-olivacea, concolor vix nitida; anfractus 2, superus minutus, inferus magnus, expansus, apice eroso; apertura ampla, rotundato-ovata; area columellaris planata, luteo-aurantiaca, nitida, ad apicem nigricans;

peristoma acutum, labro dextro canaliculato, reflexo, sinistro elevato, margine bidentato, acuto, albo, intus cinerascente, ad peristoma luteo-nigro; operculum?

Diam. 28 mill., alt. 18; long. 35 mill.; apert. 18 mill. longa, 25 lata, cum peristomate 32 mill. longa.

Hab. Pouebo, Ouagap (Nouv.-Caléd.) (R. P. Lambert). Musée de Bordeaux.)

Coquille déprimée, ovalaire, carénée, convexe, très dilatée, striée finement en long, très fortement en travers, de couleur noire olivacée sans taches ni fascies, un peu luisante; tours, au nombre de deux, le supérieur très petit, l'inférieur très grand, très élargi et déprimé; sommet corrodé; ouverture ample, ovale-arrondie, aire columellaire plane, jaune un peu orangé, brillante avec une tache noirâtre sur le renflement de la spire; bord marginal aigu, blanc, avec deux protubérances dentiformes saillantes, assez mince; intérieur blanc-bleuâtre; contour du péristome de couleur jaune et noire; opercule inconnu.

Observ. Cette belle espèce, que nous avons reçue une seule fois, paraît rare. Elle appartient au groupe des *Neritina canalis, Bruguierii, labiosa, Bochii, punctulata, Lenormandi,* etc., etc. Il sera facile de la distinguer de ses congénères par son aplatissement inférieur, la grande expansion de l'ouverture dont le bord est réfléchi, sa columelle plate, un peu onduleuse, et les deux protubérances aiguës qui la bordent, à l'insertion de l'opercule, que, malheureusement, nous ne possédons pas.

N° 73. **N. Montrouzieri** Gassies.
Journal de Conchyliologie, t. XXIII, p. 228, juillet 1875.
N. Chalcostoma Montrouzieri in scheed.
(Pl. IV, fig. 7.)

Testa crepidiformis, crassa, superne convexa, rotundata, longitudinaliter striata et transversim sulcata, vix nitida, nigro-plumbea, sparsim fasciata, irregulariter guttulata, albido-cornea, nitida; anfractus 2, ultimus magnus, apice exserto, violaceo, griseo; apertura rotunda, ampla; peristoma continuum, intus callosum, labro dextro et sinistro canaliculatis; area columellaris planata, crassa, violaceo-cærulea, nitida, margine dentata; dentes 19; operculum testaceum, corneum, nigro-cæruleum, oblique striatum, margine interiore flexuosum, apice bipartitum.

Diam. 12 mill., alt. 7 mill; apert. 6 mill.; cum peristomate 12 mill. longa, 11 lata.

Hab. Ouagap (Nouv.-Caléd.) (R. P. Lambert). (Coll. Cassies, Musée de Bordeaux.)

Coquille crépidiforme, épaisse, convexe en dessus, arrondie, presque bossue, striée longitudinalement et sillonnée transversalement en réseau, luisante, d'un noir violacé sur lequel se détachent des fascies spirales et des taches cornées jaune-pâle en forme de goutelettes; spire à peine contournée par deux tours, dont le premier est rudimentaire, incliné à droite et presque violet, mais le dernier très grand; ouverture ronde très ample; péristome joint à la columelle, épais et bordé à l'intérieur, un peu canaliculé aux deux bords intérieurs; aire columellaire plane, épaisse, violet cendré luisant; bord garni de dix-neuf protubérances dentiformes; opercule calcaire à bord inférieur corné, noir bleuâtre et jaune corné luisant, obliquement striée, bord supérieur flexueux; apophyse bifide en croissant.

Observ. Cette Néritine appartient au groupe du *N. crepidularia*, et se rapproche un peu du *N. depressa* Benson; elle en diffère par sa forme trapue et ronde, sa spire courte, l'épaisseur du péristome et sa coloration; sa taille est également moins forte.

N° 74. **N. Guttulata** Gassies.

N. Guttata Gassies. *Journal de Conchyliologie*, t. XXIII, p. 330, juillet 1875.

(Pl. IV, fig. 4.)

Testa crepidiformis, crassa, superne convexa, vix elongato-obliqua, patula, longitudinaliter et transversim striata, vix nitida, nigro-violacea, sparsim albido-guttulata; anfractus 1 1/2, ultimus magnus, exsertus, planatus, erosus; apertura mediocris, subrotunda, concava, intus livida, nitida; peristoma acutum, crassum, corneo-lividum, nitidum; area columellaris convexa, subgranosa, cum peristomate tenui callo juncta; margo dentatus (dentes 9), intus lividus; operculum testaceum, luteo-griseum, oblique striatum, margine inferne flexuosum, superne bifidum.

Diam. 6 mill., long. 9 mill.; alt. 4 mill; apert. 3 mill.; cum peristomate 6 mill. longa, 6 lata.

Hab. Ouagap (Nouv.-Caléd.) (R. P. Lambert). (Coll. Gassies).

Coquille crépidiforme, épaisse, convexe, un peu oblique, striée en long et en travers, un peu luisante, de couleur noir violet, parsemée irrégulièrement de taches blanches bordées de noir intense, tantôt arrondies, tantôt longitudinales, comme le plumage de certains gallinacés; tours, au nombre de 1 1/2, le dernier très grand, formant presque la grandeur totale de la coquille; sommet très oblique à droite, aplati et érodé; ouverture assez étroite, concave, arrondie, jaune livide, développée par un péristome tranchant, mais épaissi aux bords intérieurs; aire columellaire convexe, un peu granuleuse, réunie au péristome par une mince couche d'émail; bord garni de neuf protubérances dentiformes, inégales; intérieur gris jaune livide, luisant; opercule testacé, sans apparence cornée, jaune grisâtre, obliquement strié; bord inférieur flexueux, apophyse bifide.

Observ. Cette espèce se rapproche un peu du *Neritina Siquijorensis* par l'obliquité de la spire et l'aplatissement de l'ouverture, mais elle en diffère par plus d'épaisseur et d'élévation vers l'ouverture qui est plus arrondie. La disposition des taches et la coloration générale du test la distinguent aussi très nettement.

N° 75. **N. Lifouana** Gassies.
Journal de Conchyliologie, t. XXVI, p. 343, octobre 1878.
(Pl. III, fig. 10.)

Testa umbilicata auriculata, globosa, superne convexo-exserta, spiraliter striatula, nitida, superne pallida lutea, translucida, concolor; anfractus 1 1/2, ultimus magnus; apice exserto, obliquo cinereo, nitido; apertura ampla, auriculata, alba, margaritacea, nitida; peristoma continuum, intus callosum, album, latro dextro superne expanso, sinistro, canaliculata, angulata reflexo; area columellaris plana, profunde descendens, margo-medio tenuiter dentata, dentes 5; operculum?

Diam. 18 mill.; alt. 16 mill.; apert. 6 mill.; cum peristomate 17 mill. longa, 19 mill. lata.

Hab. Lifou (Ins. Loyalty) (R. P. Lambert). 1 spec. vidi. (Musée de Bordeaux.)

Coquille ombiliquée, auriculée, globuleuse, convexe en dessus, obliquant de gauche à droite, finement striée en travers dans le sens spiral, couleur de corne jaunâtre pâle, translucide, luisante, sans taches ni fascies; tours, au nombre de 1 1/2, dont le dernier fait presque la grandeur totale; sommet grisâtre luisant, presque recouvert en entier sous la callosité columellaire et sur lequel s'applique le bord supérieur droit qui forme un canal étroit; ouverture ample, auriculée, blanche, luisante, nacrée; péristome tranchant, continu, calleux, surtout vers le bas qui est plus épais; bord droit dilaté vers le haut, arrondi et brusquement canaliculé; bord gauche moins étalé, mais arrondi un peu vers le haut où il forme un sinus se relevant à la partie ombilicale pour rejoindre le sommet et le canal du bord droit, le bord gauche est à peine infléchi et arrive sur l'aire columellaire en formant brusquement un canal court qui se prolonge à peine vers le milieu de l'oreillette; aire columellaire presque plane, descendant fortement dans l'intérieur en pente rapide, le bord est garni de cinq petites denticulations médianes; la columelle, le péristome et l'intérieur sont d'une couleur blanc de nacre luisante; opercule inconnu.

Observ. Cette espèce, envoyée au Musée de Bordeaux par le R. P. Lambert, a un aspect tout à fait spécial qui la différencie beaucoup de toutes ses congénères crépidiformes. Ne nous étant arrivée qu'isolée, il ne nous sera pas facile de faire des comparaisons. Nous avons écrit à ce sujet, peut-être nous en enverra-t-on d'autres sur lesquelles nous pourrons sûrement établir l'espèce et dire si elle est rare ou commune.

N° 76. **N. Subauriculata** Recluz.

N. Subauriculata Recluz, Sowerby, *Thesaurus Conch.*, part. 10, p. 510. Reeve, pl. XVII, fig. 80.

(Pl. III, fig. 11.)

Testa ovata, solidiuscula, auriculata spira, canaliculata; oblique intorta anfractus 1 1/2 medio concentrice tenuiter striati, apertura mediocris; area columellaris perampla, superne subauriculata; margine tenue dentata lata pallide olivaceo-lutea, nigro sparsim reticulata; operculum testaceum, nigro-pallidum, carneum, margine corneum.

Diam. 15 mill.; alt. 15-16; apert. 7 mill. longa, 12 lata, area 8 longa, 10 lata.

Hab. Ouagap (Nouv.-Caléd.) (R. P. Lambert) (île Negros, Philippines (Cunning).

Coquille ovale, assez solide, auriculée, canaliculée; tours de spire composés de un, oblique, rejeté à droite et paraissant à peine sous l'expansion du bord supérieur du péristome, strié concentriquement, vert bronzé jaunâtre, parsemé de linéoles obtusément coniques de couleur noirâtre-violacé; ouverture étroite, petite; aire columellaire très ample, un peu convexe, subauriculée supérieurement, marge finement denticulée; péristome continu, tranchant, épaissi à la base; couleur intérieure blanche; bords et columelle gris de plomb luisant un peu roussâtre; opercule testacé noirâtre, bordé, vers le bas, d'une mince couche de corne rosâtre.

Observ. Cette coquille ne nous est parvenue qu'une fois, nous la croyons identique à l'espèce de Recluz, car la figure de Reeve s'y rapporte entièrement. Son habitat à Ouagap est le même que celui de l'île Negros, les Cascades.

N° 77. N. Flexuosa Gassies.
Journal de Conchyliologie, t. XXVI, p. 342, octobre 1878.
(Pl. IV, fig. 5.)

Testa elongata, flexuosa, subconica, obliqua, subpatula, transversim leviter striata, haud nitens, obscure-olivacea, longitudinaliter fasciata, sub epidermide sparsim punctulata, gallinacea; anfractus 3 convexi, ultimus magnus, exsertus, apice erosa, rubiginosa; apertura trigona, obliqua, concava, intus pallida, nitida, peristoma acutum, lividum; area columellaris concava, nitida, plumbea, cum peristomate tenui callo-juncta, margo unidentatus, alba; intus color lividus; operculum testaceum; bipartitum; margo cæruleus.

Diam. 5 mill.; alt. 7 1/2; apert. 3 mill. longa, 3 1/4 lata.
Hab. Pouebo (Nouv.-Caléd.) (RR. PP. Montrouzier et Lambert). (Collect. Gassies.)

Coquille allongée, oblique, flexueuse, subconique, un peu épaisse vers le premier tour, finement striée en travers, peu luisante, couleur olivâtre sur laquelle se détache une bande plus foncée sur la périphérie, épiderme parsemé, en travers, de ponctulations noires et pâles comme le plumage de certains gallinacés; tours, au nombre de trois, convexes, le dernier exserte obliquement à droite et grand; sommet érodé laissant voir les tours embryonnaires lisses et rougeâtres; ouverture trigone, oblique, concave, intérieur gris livide, pâle, luisant; péristome tranchant; aire columellaire concave, gris noirâtre plombé, luisant, joint au péristome par une callosité médiocre, marge ornée d'une dent aiguë, proéminente s'insérant dans une cavité de l'opercule dont le bord externe est aplati et corné; intérieur gris sale livide, plombé; opercule testacé, noir lavé de gris fumeux, séparé par une sinuosité blanchâtre qui le fait ressembler à un double opercule; apophyse en éventail à plusieurs côtes, bifurquée, point d'attache rougeâtre aigu, cuilleron médiocre.

Observ. Cette Néritine que nous avons reçue plusieurs fois de Pouebo, sur la côte Est, ressemble beaucoup à notre *N. fluviatilis* pour la forme extérieure; mais elle en diffère par son ouverture plus allongée, son sommet plus distinct et, enfin, par son remarquable opercule.

N° 78. **N. Incerta** Gassies.

Journal de Conchyliologie, t. XXVI, p. 341, octobre 1878, (Pl. IV, fig. 6.)

Testa ovata, solida, spiraliter sulcata, transversim leviter striata; convexa, vix obliqua, albida, roseo-nigrescens, nigro-trifasciata; anfractus 2, ultimus magnus ; apertura ovato-rotundata, concava, intus albido-sulphurea, nitida; peristoma simplex. crassum, albidum; area columellaris profunde intrans, cum peristomate callo juncta; margo dentatus, dentes 6-7 ultimus ad major; intus color albidus, sulphureus, roseus; operculum testaceum albido lividum, sinuatum.

Diam. 9 mill.; longa 13; alt. 7 mill.; apert. 6; cum perist. 8 mill. longa, 8 lata.

Hab. Ile Art (Nouv.-Caléd.) (R. P. Montrouzier). (Musée de Bordeaux.)

Coquille ovale, solide, fortement sillonnée en long, à peine striée en travers, convexe, un peu oblique, blanche sous un épiderme noir et rosâtre, ornée de flammules en chevrons disposées sur trois rangs longitudinaux, assez espacés; tours, au nombre de deux, le dernier très grand; ouverture ovale-arrondie, concave, blanc soufré, luisant; péristome simple, épais, blanchâtre; aire columellaire descendant brusquement à l'intérieur, unie à la columelle par un assez fort dépôt d'émail; marge pourvue de six à sept dents, la droite plus grande; intérieur blanc, jaune et rose; opercule testacé, blanc livide, sinué, apophyse médiocre.

Observ. Cette espèce paraît appartenir aux Néritines saumâtres, peut-être aux espèces marines? Cependant son opercule n'est point marin. C'est donc avec réserve que nous introduisons cette Néritine dans la nomenclature.

N° 79. N. Savesi Gassies.
Journal de Conchyliologie, t. XXVI, p. 345, octobre 1878.
(Pl. III, fig. 12.)

Testa mediocris, ovato-rotundata, transversim sat valide et longitudinaliter tenuiter striata, ad sutura quadricostata, nitida, translucida, tenuis, lutea, sparsim guttulato-lutea, longitudinaliter trifasciata, nigrescens maculata pallide lutea; apice eroso, rubiginoso; anfractus 3, convexi, ultimus magnus, expansus, apertura rotundato-ovalis superne angulata, inferne rotunda, concava, intus cærulea peristoma acutum, nigrum; area columellaris alba, recta, margo indentatus; operculum testaceum, spirale, imbricatum, nigrum, apophysa bifida erecta, aurantiaca, 7 costulis ornata.

Diam. 10 mill.; alt. 12 mill.; apert. 6 mill. longa; 8 mill. lata.
Hab. Thio (Nouv.-Caléd.) (M. Savès). (Collect. Gassies.)

Coquille de taille médiocre, ovale-arrondie, assez fortement striée en travers, finement en long, ornée de quatre côtes élevées, spirale contournant les sutures, surtout à l'insertion supérieure du dernier tour, assez luisante, translucide et mince, couleur jaune, parsemée de taches éparses, en larmes et chevrons jaune clair, parcourue, dans sa longueur, par trois bandes noires, sur lesquelles les taches de l'épiderme se détachent sans les interrompre; sommet érodé rougeâtre; tours, au nombre de trois, convexes, le dernier très grand formant presque la grandeur totale; suture élevée presque caniculée; ouverture arrondie-ovalaire, supérieurement anguleuse, arrondie largement à la base; péristome tranchant bordé de noir, intérieur bleuâtre; aire columellaire blanche, concave, à bord aigu sans dents; opercule testacé imbriqué, spiral, noir, apophyse bifide, raide, orangée accompagnée d'un cuilleron grisâtre garni de sept côtes élevées.

Observ. Cette espèce, que nous ne croyons pas suffisamment adulte ressemble beaucoup au premier âge du *N. Chimmoi* Reeve. Elle en diffère par l'absence des costulations dorsales, son ouverture plus ample et plus ronde et surtout par son opercule.

Nous avons prié M. T⁰ Savès, à qui nous la devons, de se bien renseigner sur l'âge et la station du mollusque que nous ne pourrons considérer comme définitivement acquis à la science qu'après mûres observations. Elle paraît commune.

Nous nous faisons un devoir de donner à cette jolie espèce le nom de M. Savès, de Toulouse, qui nous a gratifié d'une foule d'espèces calédoniennes recueillies par lui.

N° 80. **Neritina Suavis** Gassies.
(Pl. IV, fig. 10.)

Testa minima, oblique ovata, longitudinaliter striatula; nitida, translucida, rubello-nigricans, alba, longitudinaliter fasciis 8 ornata, 4 roseis, 3 nigris, superiore digitata, 1 alba; apice integro, viridula; anfractus 3 convexi, ultimus magnus, obliquus; apertura rotundato-ovalis, superne angulata, inferne expansa; peristoma acutum, albo-roseum, intus rufulum trifasciatum; columella sanguinea; area columellaris excavata, subdenticulata; operculum, testaceum, cornea pallidum, bipartitum.

Diam. 6 mill.; alt. 7 mill.; apert. 4 mill. longa, 4 lata.

HAB. Lifou (Loyalty) (R. P. Montrouzier). 1 spec. vidi.

Coquille très petite, ovalaire, oblique, finement striée en long, luisante, translucide, couleur blanche sur laquelle se détachent huit bandes de couleur rouge pourprée, noire, ces bandes suivent la forme de la coquille obliquement en long; les plus nettes sont les rougeâtres et les noires, celle qui se rapproche de la suture se détache vivement sur un fond très blanc en languettes laciniées, les tours supérieurs sont bleuâtres; tours, au nombre de trois, convexes, les premiers exigus, le dernier grand et oblique; ouverture ovale-arrondie, supérieurement anguleuse, dilatée à la base; péristome aigu, blanc rosâtre, intérieur rougeâtre sur lequel se détachent trois fascies rouges, transparentes, provenant de l'extérieur; aire columellaire rouge de sang très brillant, excavée, bord à peine denticulé, rosâtre; opercule calcaire, couleur de corne pâle, flexueux et bifide supérieurement.

Observ. Cette remarquable petite néritine est un vrai bijou de délicatesse et de coloration; on ne peut guère la rapprocher que de notre *N. Pauluccia*, avec laquelle elle a des analogies sans toutefois avoir sa forme et sa picturation. Il est fâcheux que nous n'ayons eu qu'un individu, car si tous sont identiques au type, ils sont destinés à avoir une place brillante dans les collections.

GENRE XXVIII. — NAVICELLE, *NAVICELLA* LAMARCK.

N° 81. **N. Nana** Montrouzier.

(Pl. IV, fig. 11.)

Testa minima, ovato-oblonga, concava, concentrice striata, antice rotundata, superne erosa, subtruncata, subepidermide fusca, albescens angulatis, nigris, picta; apertura ampla, ovato-regularis, superne et inferne lata, intus profunde excavata, intense cæruleo-cinerascens, nitida; area columellari lata, arcuata descendente, superne subgranosa, marginibus acutis; operculum calcareum (luteum).

Long. 8 mill.; diam. maj. 6 mill.; apert. cum perist. 7 mill. longa, 5 lata.

HAB. Baie du Sud (Nouv.-Caléd.) (R. P. Montrouzier). 2 spec. vidi.

Coquille très petite, ovale oblongue, concave, striée concentriquement, arrondie à la base, légèrement tronquée et érodée au sommet, blanchâtre sous un épiderme vert-bronzé transparent, où l'on voit des linéoles noires, onduleuses, anguleuses, inégales en chevrons, etc., qui ressortent nettement sur le fond; ouverture large, entière, ovale, régulière, profondément excavée, couleur bleuâtre cendrée luisante; aire columellaire large, arquée, profilant ses bords inférieurs vers les côtés inférieurs, qui sont aigus, à peine un peu calleux, le sommet est un peu granuleux; opercule calcaire, jaunâtre.

Observ. Cette petite Navicelle nous a été envoyée par le R. P. Montrouzier qui la donne comme adulte. Ne connaissant que deux individus, nous ne saurions nous prononcer encore. Nous la publions sous le nom de notre ami, nous réservant d'affirmer sa spécification après de nouvelles investigations.

RÉCAPITULATION
PREMIÈRE PARTIE

Amphibola Avellana,
Ampullaria ormophora.
Auricula mustelina.
— nucleus.
— semisculpta.
— subula.
Batissa elongata
— fortis.
— tenebrosa.
Bulimus Alexander.
— Bivaricosus.
— Blanchardianus.
— Caledonicus.
— Eddystonensis.
— Edwarsianus.
— fibratus.
— Inversus.
— Janus.
— paletuvianus.
— porphyrostomus.
— pseudocaledonicus.
— scarabus.
— sinistrorsus.
— Souverbianus.
— Souvillei.
— zonulatus.
Cyclostoma artense.
— Bocageanum.
— Montrouzieri.
Cyrena sublobata.
Helicina littoralis.
— Primeana.
— togatula.
Helix aphrodite
— Artensis.
— Astur.
— Baladensis.
— Beraudi.
— Cabriti.
— Cespitoïdes.

Helix Costulifera.
— dictyodes
— dispersa.
— inæqualis.
— Lifuana.
— Lombardoi.
— Luteolina.
— Montrouzieri.
— multisulcata.
— Pinicola.
— Raynali
— rusticula.
— Seisseti.
— testudinaria.
— Turneri.
— vetula.
Hydrocena diaphana.
— Fischeriana.
— granum.
— maritima.
Melampus Adamsianus.
— Australis.
— brevis.
— cristatus.
— Layardi.
— luteus.
— sciuri.
— stuchburyi.
— trifasciatus.
— triticeus.
— variabilis.
Melania aspirans.
— Canalis.
— Droueti.
— Lancea.
— macrospira.
— Mageni.
— Maurula.
— Matheroni.
— Montrouzieri.

Melania Moreleti.
— Villosa.
Melanopsis aperta.
— brevis.
— carinata.
— Deshayesiana.
— frustulum.
— livida.
— neritoides.
— Retoutiana.
— variegata.
Navicella affinis.
— Caledonica.
— Haustrum.
— Hupeiana.
— Sanguisuga.
Neritina aquatilis.
— asperulata.
— aspersa.
— Beckii.
— Bruguierii.
— canalis.
— Chimmoi.
— Corona australis.
— gagates.
— Lecontei.
— Navigatoria.
— nuceolus.
— obscurata.

Neritina Pazi.
— Petitii.
— Puiligera.
— rugata.
— Souverbiana.
— subgranosa.
— variegata.
Pedipes Jouani.
Planorbis ingenuus.
— Montrouzieri.
Physa auriculata.
— Caledonica.
— Castanea.
— hispida.
— Kanakina.
— obtusa.
— tetrica.
Plecotrema Souverbiei.
— typica.
Pupa artensis.
Scarabus chalcostomus.
— Leopardus.
— minor.
— nux.
Succinea australis.
Truncatella conspicua.
— labiosa.
— semicostata.

DEUXIÈME PARTIE

Ampullaria ormophora.
Ancylus reticulatus.
— Noumeensis.
Athoracophorus hirudo.
— modestus.
Auricula Binneyana.
— Gundlachi.
— Hanleyana.
— semisculpta.
— subula.

Batissa elongata.
— fortis.
— tenebrosa.
Bulimus Abbreviatus.
— Alboroseus.
— Alexander.
— Annibal.
— Æsopeus.
— Artensis.
— Bavayi.

Bulimus Bondeensis
— Blanchardianus.
— Boulariensis.
— bivaricosus.
— buccalis.
— bulbulus.
— Caledonicus.
— carbonarius.
— cicatricosus.
— corpulentus.
— Debeauxi
— Duplex.
— Eddystonensis.
— Edwarsianus.
— falcicula.
— fibratus.
— Goroensis.
— Guestieri.
— imbricatus.
— infundibulum.
— insignis.
— Lamberti.
— Lalannei.
— Mageni.
— Mariei.
— Necouensis.
— Ouensis.
— Ouveanus.
— Paucheri.
— Patens.
— Pinicola.
— Porphyrostomus.
— Pseudocaledonicus.
— Rhizophorareus.
— Scarabus.
— senilis.
— sinistrorsus.
— Souverbianus.
— Souvillei.
— submariei.
— superfasciatus.
— Theobaldianus.
— Turgidulus.
Cassidula balteata.
— Kraussii.
— mustelina.

Cassidula nucleus.
Cyclostoma artense.
— Bocageanum.
— Couderti.
— Guestierianum.
— Montrouzieri.
— Vieillardi.
Cyrena sublobata.
Diplommatina Mariei.
Geostilbia Caledonica.
Helicina benigha.
— gallina.
— littoralis.
— Lifouana.
— læta.
— Mariei.
— mediana.
— Mouensis.
— porphyrostoma.
— Primeana.
— togatula.
Helix abax.
— acanthinula.
— Alleryana.
— Aphrodite.
— Artensis.
— Astur.
— Baladensis.
— Bavayi.
— Beraudi.
— Cabriti.
— Caledonica.
— Calliope.
— Candeloti.
— Cerealis.
— Chelonitis.
— Conceptionensis.
— Costulifera.
— decreta.
— dendrobia.
— dispersa.
— Deplanchesi.
— dictyodes.
— Ferrieziana.
— Gentilsiana.
— Goulardiana.

Helix Henschei.
— inæqualis.
— Kanakina.
— Koutoumensis.
— Lamberti.
— Lalannei.
— Lifouana.
— Lombardeani.
— luteolina.
— Mariei.
— Melitæ.
— microphis.
— minutula.
— Montrouzieri.
— morosula.
— Mouensis.
— multisulcata.
— Noumeensis.
— Occlusa.
— Opaoana.
— Ostiolum.
— Ouveana.
— Perroquiniana.
— pinicola.
— Raynali.
— Rhizophorarum.
— Rossiteriana.
— rusticula.
— Saisseti.
— subcoacta.
— subsidialis.
— testudinaria.
— tricochoma.
— Turneri.
— Vetula.
— Vieillardi.
— Villandrei.
— Vincentina.
Hydrocena Caledonica.
— coturnix.
— Crosseana.
— diaphana.
— Fischeri.
— granum.
— Hidalgoi.
— maritima.

Hydrocena pygmæa.
— turbinata.
Limax Mouensis.
Marinula Forestieri.
Melampus Adamsianus
— Albus.
— Australis.
— brevis.
— Bronni.
— Caffer.
— Cinereus.
— Crassidens.
— cristatus.
— fasciatus.
— granum.
— Layardi.
— Leai.
— luteus.
— Montrouzieri.
— Morosus.
— obtusus.
— sciuri.
— sordidus.
— trifasciatus.
— triticens.
— variabilis.
Melania canalis.
— Orouëti.
— funiculus.
— Jouani.
— Lamberti.
— lancea.
— macrospira.
— Mageni.
— Mariei.
— Matheroni.
— maurula.
— Montrouzieri.
— Moreleti.
— Villosa.
Melanopsis acutissima.
— aperta.
— brevis.
— carinata.
— curta.
— Deshayesiana.

Melanopsis Dumbeensis.
— elegans.
— frustulum.
— fusca.
— fusiformis.
— Gassiesiana.
— lirata.
— livida.
— Mariei.
— neritoides.
— Retoutiana.
— robusta.
— Souverbiana.
— variegata.
— zonites.
Navicella affinis.
— Caledonica.
— cærulescens.
— Cooki.
— Excelsa.
— haustrum.
— Hupeiana.
— livida.
— Moreletiana.
Neritina aquatilis.
— Artensis.
— Aspersa.
— Asperulata.
— Auriculata.
— Beckii.
— bicolor.
— brevispina.
— Bruguierii.
— canalis.
— chimmoi.
— cornuta.
— corona-australis.
— costulata.
— Exaltata.
— gagates.
— Lecontei.
— Lenormandi.
— morosa.
— navigatoria.
— Nouletiana.
— nucleolus.

Neritina obscurata.
— Pazi.
— Paulucciana.
— Petitii.
— pulligera.
— Rangiana.
— reticulata.
— rugata.
— Siquijorensis.
— spinifera.
— Souverbiana.
— subgranosa.
— subsulcata.
— variegata.
— Wallisiarum.
— zebra.
— zig-zag.
Pedipes Jouani.
Planorbis ingenuus.
— Montrouzieri.
— Fouqueti.
— Rossiteri.
Plecotrema Souverbiei.
— typica.
Physa Artensis.
— Auriculata.
— Caledonica.
— Castanea.
— Guillaini.
— hirpida.
— Kanakina.
— obtusa.
— tetrica.
— Varicosa.
Pupa Artensis.
— Condita.
— Lifouana.
— Mariei.
— obstructa.
Scarabus Chalcostomus.
— Crosssęanus.
— imperforatus.
— Leopardus.
— maurulus.
— minor
— nux.

Succinea Fischeri.
— Montrouzieri.
— Paulucciæ.
Tornatellina Noumeensis.
Truncatella conspicua.
— diaphana.

Truncatella labiosa.
— hemiscostata.
— valida.
Vaginulus plebeius.
Zonites subfulvus.

APPENDICE DE LA DEUXIÈME PARTIE

Helix decreta foss.
— minutula foss.
— luteolina —
— Deplanchesi foss.
— vetula —
— Koutoumensis foss.
— Vincentina —
— costulifera —
— pinicola —
Bulimus senilis —
— corpulentus —
— Debeauxi viv.
— Lalannei
— Imbricatus
— Alexander foss.
— sinistrorsus —
— Turgidulus viv.
— Mageni foss.
— alboroseus viv.
— superfasciatus viv.
— patens —
— falcicula —
— Noumeensis —
— abbreviatus foss.

Bulimus Guestini viv.
— fibratus —
— bulbulus —
Scarabus minor foss.
Cyclostoma Bocageanum foss.
Helicina Lifouana —
— littoralis —
— togatula —
Hydrocena turbinata viv.
— Heckeliana.
— coturnix foss.
— pygmæa —
— maritima —
Truncatella conspicua —
Physa varicosa viv.
Melanopsis acutissima viv.
Helix Rossiteriana —
Hydrocena turrita non turbinata XIII, p. 226. Morelet.
Pupa Mariei viv.
Diplommatina Perroquini viv.
Ancylus Noumeensis —
Planorbis Rossiteri

EXPLICATION DES PLANCHES

Planche I.

Succinea calcarea Gas...... Fig. 1	Helix Confinis Gas.............	13
— viridicata — 2	— Subtersa —	14
Helix Hameliana Cros.......... 3	— Melaleucarum Gas.......	15
— Subnitens Gas............. 4	— Bazini Cros.............	16
— Desmazuresi Cros......... 5	— Derbesiana Cros.........	17
— rufotincta Gas............. 6	— Berlierei —	18
— inculta — 7	— Megei Lambert..........	20
— Bourailensis Gas.......... 8	— Vaysseti Marie,.........	21
— Bruniana — 9	— Vimontiana Cros.........	22
— corymbus Cros........... 10	— Heckeliana —	23
— Prevostiana — 11	Bulimus Gaudryanus Gas........	24
— Taslei — 12	Planorbis Fabrei..............	25

Planche II.

Bulimus subsenilis............. 1	Physa doliolum................	14
Cassidula pilosa............... 2	— Petiti................	15
— truncata............. 3	Blauneria Leonardi............	16
Melampus Exesus............... 4	Hemistomia Caledonica.........	17
— Strictus............. 5	Zonites Savesi................	18
Diplommatina Montrouzieri..... 6	Ancylus Noumeensis...........	19
— Perroquini....... 7	Hydrobia Crosseana...........	20
Truncatella subsulcata......... 8	— Gentilsiana...........	21
— Cerea............... 9	Tornatellina Mariei............	22
Helicina Gassiesiana........... 10	Pupa Paitensis................	23
— sphæroidea............ 11	— Mariei................	24
— Noumeensis............ 12	— Fabreana...............	25
Physa incisa................... 13	Melampus Fraysei.............	25

Planche III.

Bulimus arenarius.............. 1	Neritina Lifouana..............	10
Melanopsis Lamberti........... 2	— Subauriculata.........	11
— Fasciata........... 3	— Savesi................	12
— fragilis............ 4	Melania Rossiteri.............	13
— aurantiaca......... 5	Scarabus regularis.............	14
— elongata........... 6	— lacteolus...........	15
— Brotiana........... 7	— Intermedius..........	16
Heterocyclus Perroquini........ 8	Cassidula Intus carinatus.......	17
Valvata Petiti................. 9	Bulimus Pronyensis............	18

Planche IV.

Bulimus abbreviatus	1	Neritina Montrouzieri	7
— Loyaltyensis	2	Hydrocena rubra	8
Neritina Expansa	3	Physa perlucida	9
— guttulata	4	Neritina suavis	10
— flexuosa	5	Navicella Nana	11
— incerta	6	Helix Fabrei	12

TABLE

DE LA TROISIÈME PARTIE

	Pages		Pages
Ancylus Noumeensis	77	Helix Faysseti	33
Blauneria Leonardi	47	— Vimontiana	35
Bulimus Gaudryanus	38	Hemistomia Caledonica	71
— abbreviatus	41	Heterocyclus Perroquini	86
— arenosus	40	Hydrobia Crosseana	77
— subsenilis	39	— Gentilsiana	78
— Loyaltyensis	42	Hydrocena rubra	70
— Pronyensis	43	INTRODUCTION	5
Cassidula pilosa	59	Melampus Exesus	52
— truncata	60	— strictus	53
— intuscarinata	61	— Faysseti	54
Diplommat. Montrouzieri	62	Melania Rossiteri	85
— Perroquini	63	Melanopsis aurantiaca	82
EXPLICATION DES PLANCH.	104	— Brotiana	84
Helicina Gassiesiana	65	— elongata	83
— Noumeensis	66	— fasciata	80
— Sphæreoidea	67	— fragilis	81
— littoralis	68	— Lamberti	79
Helix Bazini	27	Navicella nana	97
— Berlierei	30	Neritina Expansa	88
— Bourailensis	17	— flexuosa	93
— Bruniana	18	— guttulata	90
— confinis	25	— Incerta	94
— corymbus	21	— Lifouana	91
— Derbesiana	29	— Montrouzieri	89
— Fabrei	32	— Savesi	95
— Heckeliana	36	— suavis	96
— Inculta	17	— subauriculata	92
— Megei	30	Planorbis Rossiteri	76
— Melaleucarum	27	Physa doliolum	73
— oriunda	20	— Incisa	72
— Prevostiana	22	— Petiti	74
— rufotincta	16	— Perlucida	75
— Saburra	24	Pupa Fabreana	51
— subtersa	26	— Mariei	50
— Taslei	23	— Paitensis	49

	Pages.		Pages.
RÉCAPITULATION	98	Truncatella cerea	69
Scarabus lacteolus	58	— subsulcata	68
— intermedius	57	Valvata Petiti	87
— regularis	56	Zonites Savezi	15
Succinea calcarea	11	— Hamelianus	12
— viridicata	12	— subnitens	13
Tornatellina Leonardi	48	— Desmazuresi	14

Bordeaux. — Imp. J. DURAND, rue Vital-Carles, 24.

Actes de la Soc. Lin. de Bordeaux. Tome XXXIV. Pl. I.

Arnoul del. Imp. Becquet, Paris.

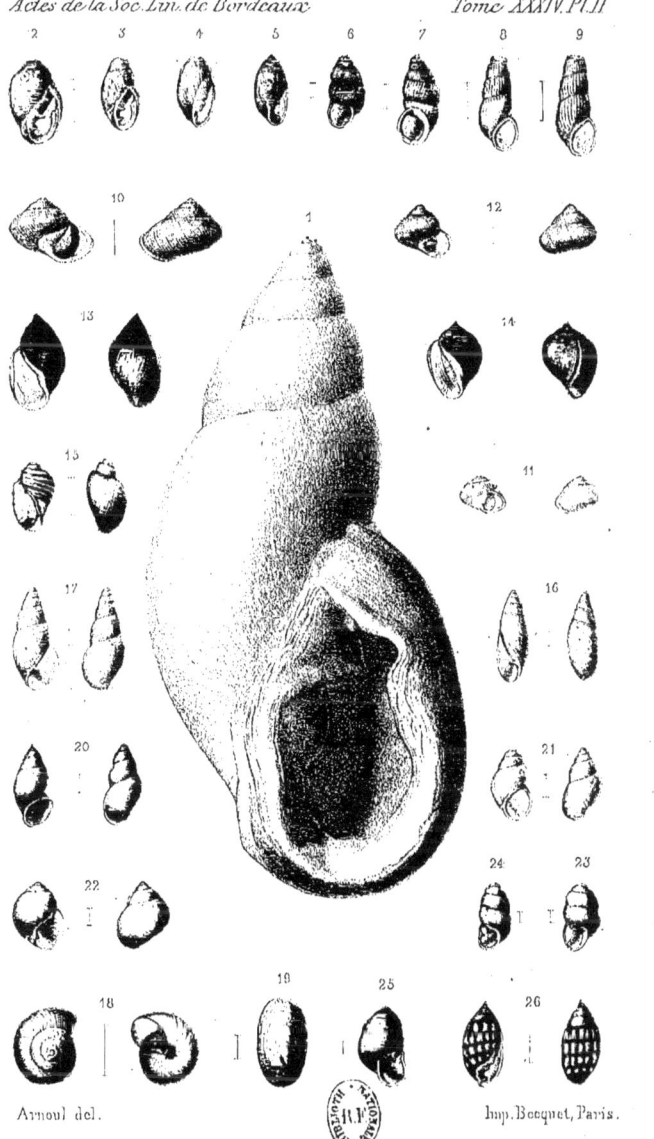

Actes de la Soc. Lin. de Bordeaux — Tome XXXIV. Pl. II

Arnoul del.   Imp. Becquet, Paris.

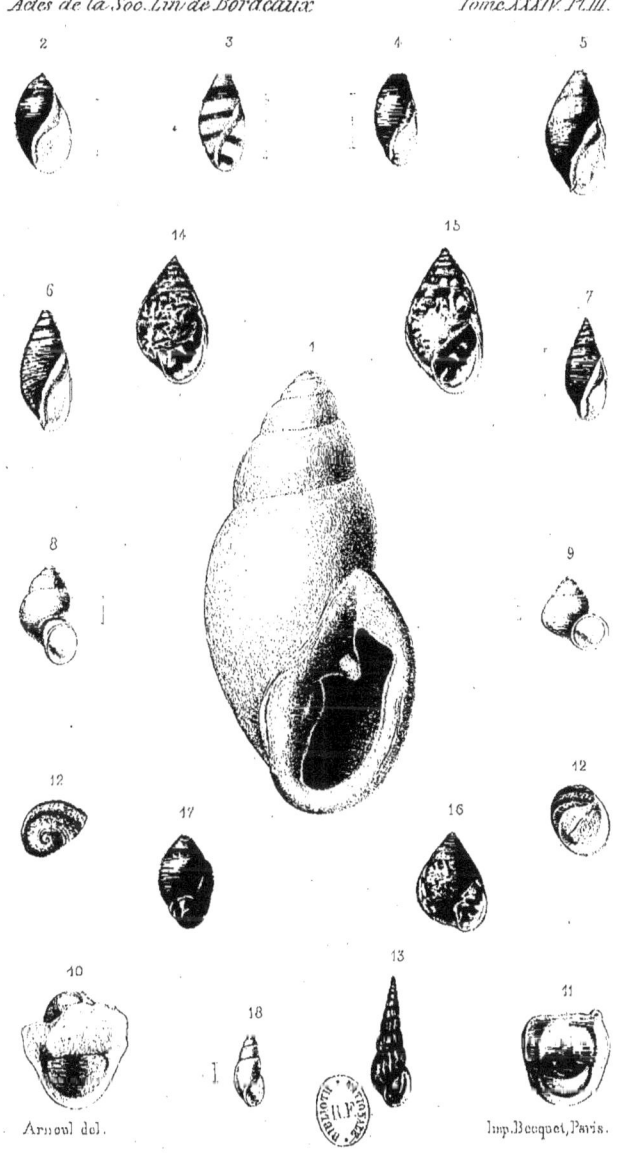

Actes de la Soc. Lin. de Bordeaux.   Tome XXXIV. Pl. IV.

Arnoul del.   Imp. Becquet, Paris.